中国沿海湿地保护绿皮书
（2019）

Green Papers of China's Coastal Wetland Conservation

于秀波 张 立 主编

科学出版社
北 京

内 容 简 介

本书主要内容包括中国沿海湿地保护十大进展、最值得关注的十块滨海湿地、沿海保护区湿地生态系统服务价值评估、红树林保护专题等。书中首先梳理了2017年7月至2019年7月我国在湿地保护法制建设、湿地保护修复政策及成效、公众意识与民间机构参与，以及国际合作与交流等方面的十大进展。然后介绍了经过环保公益组织和专业机构推荐并经社会公众广泛投票所评选出的我国沿海十块最受关注的湿地。运用生态系统服务的经济价值评估方法，对沿海11个省（自治区、直辖市）的35个湿地类型国家级自然保护区开展了系统的经济价值评估。最后系统分析了海南红树林湿地的资源现状、保护探索与实践。

本书可供从事湿地保护与管理的政府官员、湿地类型保护区与国家湿地公园的管理人员及技术人员、研究人员，以及关注湿地与候鸟保护的公众阅读参考。

审图号：GS（2020）2634号

图书在版编目（CIP）数据

中国沿海湿地保护绿皮书. 2019/ 于秀波，张立主编. —北京：科学出版社，2020.6
 ISBN 978-7-03-065083-2

Ⅰ. ①中… Ⅱ. ①于… ②张… Ⅲ. ①沿海 - 沼泽化地 - 自然资源保护 - 研究报告 - 中国 -2019 Ⅳ. ① P942.078

中国版本图书馆 CIP 数据核字（2020）第 081286 号

责任编辑：王海光　郝晨扬 / 责任校对：郑金红
责任印制：肖　兴 / 封面设计：刘新新

科 学 出 版 社 出版
北京东黄城根北街16号
邮政编码：100717
http://www.sciencep.com

北京汇瑞嘉合文化发展有限公司 印刷
科学出版社发行　各地新华书店经销

*

2020年6月第 一 版　　开本：889×1194　1/16
2020年6月第一次印刷　　印张：11 1/2
字数：263 000

定价：198.00 元
（如有印装质量问题，我社负责调换）

项目指导机构

  国家林业和草原局湿地管理司

项目资助机构

  阿拉善 SEE 基金会

  红树林基金会（MCF）

  阿拉善 SEE 华东项目中心

  阿拉善 SEE 华北项目中心

  阿拉善 SEE 山东项目中心

  阿拉善 SEE 福建项目中心

项目实施机构

  中国科学院地理科学与资源研究所

指导委员会

主　任：
　　鲍达明　国家林业和草原局湿地管理司副司长
　　张　立　阿拉善 SEE 基金会秘书长、北京师范大学教授

委　员：
　　刘亚文　中国湿地保护协会副会长、常务副秘书长
　　雷光春　北京林业大学生态与自然保护学院教授、院长，
　　　　　　红树林基金会（MCF）理事长
　　张正旺　北京师范大学生命科学学院教授
　　崔保山　北京师范大学环境学院教授、院长
　　闫保华　红树林基金会（MCF）秘书长
　　刘　雷　阿拉善 SEE 华东项目中心副主席
　　朱　仝　阿拉善 SEE 华北项目中心主席
　　宗艳民　阿拉善 SEE 山东项目中心主席
　　项　雷　阿拉善 SEE 福建项目中心主席
　　张博文　阿拉善 SEE 基金会副秘书长

《中国沿海湿地保护绿皮书（2019）》编委会

主　编

　　于秀波　中国科学院地理科学与资源研究所研究员

　　　　　中国科学院大学资源与环境学院岗位教授

　　张　立　阿拉善SEE基金会秘书长、北京师范大学教授

编　委（按姓氏笔画排序）

　　王玉玉　北京林业大学生态与自然保护学院

　　刘玉斌　中国科学院烟台海岸带研究所

　　刘傲禹　阿拉善SEE基金会

　　许　策　中国科学院地理科学与资源研究所

　　李晓炜　中国科学院烟台海岸带研究所

　　杨　萌　中国科学院地理科学与资源研究所

　　张　琼　阿拉善SEE基金会

　　张小红　湿地国际

　　张广帅　国家海洋环境监测中心

　　张博文　阿拉善SEE基金会

　　周志琴　海口畓榃湿地研究所

　　周杨明　江西师范大学

　　段后浪　中国科学院地理科学与资源研究所

侯西勇　中国科学院烟台海岸带研究所
莫燕妮　海南省野生动植物保护管理局
贾亦飞　北京林业大学生态与自然保护学院
夏少霞　中国科学院地理科学与资源研究所
摆万奇　中国科学院地理科学与资源研究所
窦月含　荷兰瓦赫宁根大学

协调组成员（按姓氏笔画排序）

刘傲禹　阿拉善SEE基金会
张　琼　阿拉善SEE基金会
曹　欢　红树林基金会（MCF）
窦月含　荷兰瓦赫宁根大学

作者简介

于秀波 中国科学院地理科学与资源研究所研究员，中国科学院大学资源与环境学院岗位教授、博士生导师，中国生态系统研究网络（CERN）科学委员会秘书长兼综合中心主任。主要研究领域包括生态系统监测与服务评估、生态系统优化管理与恢复政策、湿地保护与可持续利用。主编"生命之河"系列丛书，协调并编写《推进流域综合管理 重建中国生命之河》《中国生态系统服务与管理战略》《中国滨海湿地保护管理战略研究》《中国沿海湿地保护绿皮书（2017）》等研究报告，发表高水平学术论文 90 篇，主编与参编学术专著 27 部。2016 年获中国生态系统研究网络科技贡献奖。

张 立 阿拉善 SEE 基金会秘书长，北京师范大学教授，博士生导师，中国动物学会理事、副秘书长；国际生物科学联合会（IUBS）生物伦理委员会委员、中国执行委员会委员。长期从事集体林权制度改革、生态补偿、自然保护地立法、社区协议保护、《濒危野生动植物种国际贸易公约》等环境政策对野生动物保护的影响研究，在 Nature、Science、Ecosystem Services 等知名学术期刊发表观点文章和研究论文 80 余篇，主持编著《中国沿海湿地保护绿皮书（2017）》等。长期从事在华国际民间环保组织管理工作，2016 年 4 月 1 日被任命为阿拉善 SEE 基金会理事、秘书长。

机 构 简 介

阿拉善 SEE 公益机构

阿拉善 SEE 生态协会成立于 2004 年 6 月 5 日，是中国首家以社会责任为己任、以企业家为主体、以保护生态为目标的社会团体。2008 年，阿拉善 SEE 生态协会发起成立阿拉善 SEE 基金会（注册名：北京市企业家环保基金会），致力于资助和扶持中国民间环保公益组织的成长，打造企业家、环保公益组织、公众共同参与的社会化保护平台，共同推动生态保护和可持续发展。2014 年底，阿拉善 SEE 基金会升级为公募基金会，以环保公益行业发展为基石，聚焦荒漠化防治、绿色供应链与污染防治、生态保护与自然教育三个领域。2018 年，阿拉善 SEE 生态协会发起成立阿乐善公益基金会（非公募），致力于为环保公益组织及项目提供可持续的资金来源。为了能有效推动在地环保项目发展，阿拉善 SEE 公益机构已设立了 28 个环保项目中心，并先后发起成立了深圳市红树林湿地保护基金会、湖北省长江生态保护基金会、广州市企业环境保护产业联合会、西安市企业家环保公益慈善基金会、台湾环境友善协会、阿拉善 SEE 生态公益培训学院、阿拉善环境产业联合会、北京维喜农业发展有限公司、成都天府新区爱思益生态保护中心、昆明中远环境保护科技咨询中心、青海省宝源生态保护中心等地方性环保基金会、社会团体、社会企业，不断促进各地环保公益的稳步发展。发展至今，会员超过 900 名；直接或间接支持了 550 多家中国民间环保公益机构或个人的工作。未来，阿拉善 SEE 公益机构将进一步带动和整合企业家及社会资源投入，号召公众的广泛支持和参与，充分发挥社会化保护平台的价值，共同守护碧水蓝天。

红树林基金会（MCF）

红树林基金会（全称为深圳市红树林湿地保护基金会，Shenzhen Mangrove Wetlands Conservation Foundation，MCF）成立于 2012 年 7 月，是国内首家由民间发起的环保公募基金会。

基金会由阿拉善SEE生态协会、热衷公益的企业家，以及深圳市相关部门倡导发起。由深圳大学前校长章必功担任理事长，王石、马蔚华担任联席会长。自成立以来，基金会始终聚焦滨海湿地，以深圳为原点，致力于以红树林为代表的滨海湿地的保护和公众环境教育。迄今，红树林基金会（MCF）已组建了一个涵盖保育、教育、科研、国际交流等方面的专业人员团队，在各级政府、专家学者、企业和公益合作伙伴等全社会的支持下，创建社会化参与的自然保育模式。

中国沿海湿地保护网络

中国沿海湿地保护网络（China's Coastal Wetland Conservation Network）于2015年6月17日在福州成立，由国家林业局湿地保护管理中心（现为国家林业和草原局湿地管理司）与保尔森基金会共同发起成立，旨在打造沿海省份湿地保护与管理的长期性合作与交流平台，并促进网络成员达成协调一致的保护行动。中国沿海湿地保护网络的基本职能是连接北起辽宁、南至海南的沿海11个省（自治区、直辖市）湿地管理部门和保护组织，为提高中国沿海湿地保护和管理的整体效能搭建合作与交流平台，在网络成员之间分享实践经验和促进协调一致的保护行动及信息共享。中国沿海湿地保护网络定期召开会议，组织开展水鸟同步监测与调查、专业技能培训，开展沿海湿地与水鸟保护的宣传和自然教育活动，提高公众湿地保护意识。

序 一

我们生活的地球正在经历第六次生物大灭绝！过去的400年，已知高等动植物已灭绝724种，其中有哺乳动物58种，约每7年灭绝1种，是化石灭绝速度的7~70倍；在过去的100年，有23种哺乳动物灭绝，约每4年灭绝1种，是化石灭绝速度的13~135倍。为应对生物多样性丧失和世界环境持续恶化等问题，我国从管理角度出发，高屋建瓴地提出了生态文明建设的解决方案。生态文明是人类社会文明的一种形式，其核心是天人合一，人与自然和谐，即尊重自然、顺应自然、保护自然。也就是说，既不是人类中心论，也不是自然中心论，是人尊敬和敬畏自然；理解自然规律，人类依据其发展变化规律来利用自然；放弃局域与短期的利益，在更广大的时间和空间尺度上考虑问题并对自然进行保护。因此，生物多样性保护要建立新理念，特别是要建立"天人合一"的保护框架，平衡保护与发展，优化保护地空间配置，覆盖生物多样性热点地区，让有限的面积保护更多的生物多样性，发挥最大的生态效益。

自然资本和生态系统服务维系人类的生存与可持续发展。全球生态系统服务具有极大的价值，经科学家估算，全世界每年的生态系统服务价值达到了125万亿美元。我们评估了大熊猫及其栖息地的生态系统服务价值，每年达26亿~69亿美元，是大熊猫保护投入资金的10~27倍，大熊猫及其栖息地的生态系统服务价值远远高于保护投入。

沿海11个省（自治区、直辖市）是我国湿地重要分布区和生物多样性保护热点地区，其中，滨海湿地具有提供水产品、净化水质、蓝色碳汇、减缓风暴潮和台风危害等生态系统服务，而且是众多迁徙水鸟繁育、停歇和越冬的关键栖息地，是东亚-澳大利西亚候鸟迁徙路线的关键区域，在全球生物多样性保护上具有极其重要的意义。为了提升湿地保护在社会中的地位、认知度与共识度，调动社会力量积极主动参与保护，阿拉善 SEE 基金会和红树林基金会（MCF）共同资助了"中国沿海湿地保护绿皮书"项目，由中国科学院地理科学与资源研究所负责实施，编写完成了《中国沿海湿地保护绿皮书（2019）》，重点分析了过去两年我国东部沿海地区湿地保护（特别是滨海湿地保护）的十大进展，系统介绍了亟待关注的十块滨海湿地，并科学评估了我国沿海 35 个国家级自然保护区的湿地生态系统服务价值，为我国沿海湿地保护和变化提供了"跟踪评估报告"。

希望阿拉善 SEE 基金会、红树林基金会（MCF）和中国科学院地理科学与资源研究所开展长期合作，采用科学严谨的方法，从扎根基层的民间组织视角，持续开展沿海湿地健康与保护进展评估，每两年编写一本《中国沿海湿地保护绿皮书》，为自然资源部、生态环境部、国家林业和草原局、沿海省市湿地保护部门、各类湿地保护地及民间环保组织等提供科学依据和决策参考。

中国科学院院士

阿拉善 SEE 科学顾问委员会主任

2020 年 2 月

序 二

　　阿拉善 SEE 生态协会是中国首家以社会责任为己任、以企业家为主体、以保护生态为目标的环保公益机构，旨在搭建中国最有影响力的企业家环保平台，推动中国企业家承担更多的生态责任和社会责任。阿拉善 SEE 基金会（注册名：北京市企业家环保基金会）由阿拉善 SEE 生态协会于 2008 年发起成立，致力于资助和扶持中国民间环保非政府组织（NGO）的成长，共同推动中国生态保护与可持续发展。"任鸟飞"项目由阿拉善 SEE 基金会与红树林基金会（MCF）于 2016 年共同发起，是以守护中国濒危水鸟及其栖息地为目标的综合性生态保护项目。

　　该项目以 100 多个亟待保护的湿地和 24 种珍稀濒危水鸟为优先保护对象，通过民间机构发起、企业投入、社会公众参与的"社会化参与"模式积极开展湿地保护工作，搭建与官方自然保护体系互补的民间保护网络，建立保护示范基地，进而撬动政府、社会的相关投入，共同守护中国濒危水鸟及其栖息地。中国沿海湿地具有河口、三角洲、滩涂、红树林、海草床、珊瑚礁等多样的湿地类型，拥有极其丰富的生物多样性，是东亚-澳大利西亚候鸟迁徙路线上数百万水鸟的重要栖息地，对濒危水鸟的迁徙与种群繁衍有着极其重要的影响，是"任鸟飞"项目关注的重点区域。但中国东部沿海又是我国人口密集、经济发达的区域，也是人类经济社会发展与生态保护矛盾最为突出的区域。栖息地丧失、食物短缺、非法捕猎等威胁使得沿海湿地水鸟的生存尤为艰难。基于此，我们选择了具有高度保护价值但缺乏足够保护措施的中国沿海湿地和濒危水鸟作为优先保护对象，首先以科学调查为基础，针对濒危水鸟及其栖息地所面临的威胁，开展巡护监测，落实保护行动。

继 2017 年《中国沿海湿地保护绿皮书（2017）》发布并出版后，2019 年 10 月 30 日在第三届海洋公益论坛上，中国科学院地理科学与资源研究所、阿拉善 SEE 基金会和红树林基金会（MCF）联合发布了《中国沿海湿地保护绿皮书（2019）》，主要内容包括沿海湿地保护进展、十块最值得关注的沿海湿地、沿海湿地经济价值评估、典型案例等。《中国沿海湿地保护绿皮书（2019）》作为"任鸟飞"项目的主要产出之一，主要面向从事湿地保护与管理的政府官员、湿地类型保护区与国家湿地公园的管理与技术人员、NGO 人员、研究人员，特别是中国沿海湿地保护网络成员单位相关人员以及关心湿地与候鸟保护的公众。我们希望通过《中国沿海湿地保护绿皮书（2019）》成果的发布，为政策建议提供依据，引起社会公众的广泛关注并提高公众认知，唤起公众迫切的保护意识，推动中国沿海湿地的全面保护。

项目得以顺利开展和发布成果，要感谢阿拉善 SEE 华北项目中心、华东项目中心、山东项目中心、福建项目中心以及红树林基金会（MCF）的合力资助；感谢积极参与十块最值得关注的沿海湿地推荐的 NGO 伙伴和参与网上投票的广大公众，参与沿海湿地保护十大进展评选的科研院所的学者；感谢以中国科学院地理科学与资源研究所于秀波研究员为带头人的项目研究团队。阿拉善 SEE 基金会将一如既往地支持《中国沿海湿地保护绿皮书》的编写、发布和出版工作。

阿拉善 SEE 基金会会长

2020 年 2 月

序 三

湿地是全世界最具经济价值和生物多样性的生态系统之一，直接或间接地提供了全世界几乎所有的淡水消耗，超过10亿人依靠湿地谋生，40%的物种在湿地栖息和繁殖。湿地的碳储量是全球森林的两倍，科学家正将其作为缓解气候变化的自然解决方案。但在《关于特别是作为水禽栖息地的国际重要湿地公约》（《湿地公约》）2018年发布的报告《全球湿地展望》（*Global Wetland Outlook*，GWO）中，首次向人类发出警告：湿地消失的速度是森林的三倍！报告显示，1970~2015年，世界湿地面积减少了35%，每年的减少速度从2000年起越来越快，全球各区域皆然。

环境保护领域，往往是见微知著的体察与实践。一系列的数据表明，中国滨海湿地的过去和现在，使得未来保护事业道阻且长。面对这样的事实，如何动态、发展地来观测和记录湿地保护领域中发生的那些最有价值的变化，成为保护之路上我们最关心的议题。

在这样的背景下，从2017年开始，由阿拉善SEE基金会、红树林基金会（MCF）资助，中国科学院地理科学与资源研究所编写的《中国沿海湿地保护绿皮书》每两年出版一本，是介绍中国沿海湿地的健康状况、保护进展、价值评估与热点问题的双年度报告。在实践上，为像红树林基金会（MCF）这样致力于湿地保护的公益机构提供了权威的政策指引、实践方向的多元范本。

此外，《中国沿海湿地保护绿皮书》也成为湿地保护网络中不可或缺的学习指南和工作参考。红树林基金会（MCF）作为中国沿海湿地保护网络成员，积极参与中国沿海湿地保护网络运营工作，致力于为网络成员单位提供湿地保护、修复和公众教育等方面的专业支持。《中国沿海湿地保护绿皮书（2019）》面向从事湿地保护与管理的政府部门、湿地类型保护区和湿地公园的管理与技术人员、公益机构工作人员、研究人员和关心湿地与候鸟保护的公众，涵盖科学评估与策略建议。我们希望《中国沿海湿地保护绿皮书（2019）》对湿地生态系统服务的价值评估能够让更多人了解湿地、关注湿地、参与到湿地保护的行动中来。

"中国沿海湿地保护十大进展"、"最值得关注的十块滨海湿地"是社会各界人士最为关注的板块，既有对过去成果的记录，又有对未来关注的指向。纵览这两本绿皮书（2017版和2019版），我们欣喜地发现，2017~2019年中国沿海湿地保护工作越来越多地获得来自国际社会的肯定与助力，中国在滨海湿地保护方面付出了努力，正走向世界的舞台，成为国际湿地保护事业的重要引领者和推动者，这对于所有的保护工作者来说，便是最高的褒奖。中国东营与海口两个重要沿海湿地城市，于2018年荣获全球首批"国际湿地城市"称号；中国黄（渤）海候鸟栖息地（第一期）也于2019年被联合国教科文组织列入《世界遗产名录》，成为我国第一个滨海湿地类世界自然遗产。《中国沿海湿地保护绿皮书（2019）》用最真实的笔触，记录了当代中国人为实现湿地保护的愿景所付出的努力。

我们不能改变滨海湿地的过去，但我们相信，为改变现状所付出的努力，必将成就一个更值得期待的明天。

愿滨海湿地的一切都更加美好，并最终实现"人与湿地，生生不息"的共同愿景。

红树林基金会（MCF）发起人及理事

阿拉善 SEE 基金会理事

福田红树林生态公园园长

2020 年 2 月

内 容 提 要

中国沿海湿地拥有极其丰富的生物多样性，滨海湿地是迁徙水鸟和近海生物的重要栖息繁殖地，具有重要的生态功能和生态价值，既是宝贵的自然资源，也是山水林田湖草生命共同体的重要组成部分。中国沿海地区不仅是东亚-澳大利西亚候鸟迁徙路线上数百万水鸟的重要栖息地，还孕育着丰富的渔业资源；红树林和海草床是全球生物多样性的重要组成部分，同时也为中国沿海经济发达地区提供了天然的生态安全屏障。

2018年7月国务院印发了《国务院关于加强滨海湿地保护严格管控围填海的通知》，强调指出要严控新增围填海，加快处理围填海历史遗留问题，提升监管能力，促进滨海湿地保护和受损湿地生态系统修复。

然而，伴随着快速的工业化和城市化进程，湿地及其生物多样性承受的压力日益增大，再加上我国湿地管理中存在管理体制机制不顺、管理职能交叉重叠、部门政策冲突等问题，我国湿地面积持续减少、功能退化的现象仍然普遍存在。

一、主要结论

结论1：近两年来，我国在湿地保护制度与法制建设等方面取得了重大突破。诸多与湿地保护相关的规范性文件颁布，滨海湿地及海岸带保护上升为国家优先战略。

作为全球最重要、受威胁程度最高的湿地生态系统之一，滨海湿地保护具有重要意义。近年来，中国持续推进滨海湿地保护管理战略，促进国家层面湿地保护立法。国务院机构改革，设立国家林业和草原局，全面负责湿地保护和修复、监督管理各类自然保护地，将湿地保护管理中心（事业单位）改为湿地管理司（政府部门），在《第三次全国国土调查工作分类》及《土地利用现状分类》（GB/T 21010—2017）中将"湿地"明确设立为一级地类。国务院印发了《国务院关于加强滨海湿地保护严格管控围填海的通知》，全面停止新增围填海项目审批，加强海洋生态保护修复。生态环境部、自然资源部等部委联合印发了《渤海综合治理攻坚战行动计划》，从"向海索地"跨入"全面保护"的新阶段。

结论2：滨海湿地保护工作初见成效，获得广泛的公众关注及国际助力，滨海湿地监测、社会参与及国际合作与交流全面推进。

国家及社会各界的普遍关注，为滨海湿地保护带来新的契机。滨海湿地保护行动持续推进，国家层面的保护工作初见成效。《中国国际重要湿地生态状况白皮书》于2019年世界湿地日发布，对中国57处国际重要湿地的生态状况及其面临的威胁进行了全面调查，为国际重要湿地保护管理提供科学依据。在《湿地公约》秘书处组织召开的第十三届缔约方大会上，东营、海口等6个城市获"国际湿地城市"称号。在第43届世界遗产大会上，中国黄（渤）海候鸟栖息地（第一期）被联合国教科文组织列入《世界遗产名录》。公众参与在湿地保护中发挥了越来越重要的作用。民间组织积极参与濒危水鸟调查和保护，"任鸟飞"项目等社会力量参与湿地管理。

结论3：中国滨海湿地具有重要的生态系统服务价值，加强自然湿地保护，可以有效提高其生态系统服务价值，特别是间接服务价值，以提高栖息地、消浪护岸、碳储存等功能。

以沿海35个国家级自然保护区为例，估算了其生态系统服务价值。结果显示，湿地生态系统服务总价值为2066.36亿元/年。从生态系统服务构成来看，支持服务所占比例最高（30.38%），其次为调节服务（30.10%），最低的为供给服务（16.68%）。沿海35个国家级自然保护区湿地的直接服务价值为688.12亿元/年；间接服务价值为1378.24亿元/年，其中，栖息地服务价值最高，为627.77亿元/年，其次为旅游休闲和消浪护岸服务，分别为343.59亿元/年和303.24亿元/年。

结论4：滨海湿地保护仍然存在明显空缺，湿地保护地体系建设裹足不前，部分区划和规划无法满足滨海湿地保护的需求。

2019年公众评选出的最值得关注的十块滨海湿地北起辽宁省葫芦岛，南至海南儋州湾，覆盖了海岸湿地、潮间带滩涂、河口、海湾、红树林等主要类型，地跨我国辽宁、河北、天津、山东、浙江、福建和海南七省（直辖市）。这些滨海湿地拥有丰富的生物多样性和生态功能，然而，多数未列入我国现有的湿地保护体系中，湿地保护存在明显空缺。由于保护和发展的冲突以及环保督察的压力，地方政府进行保护地建设的动力不足，近两年来，未新增任何滨海湿地保护地。这些重要湿地面临不同的威胁，开展湿地保护和修复的需求迫切。

二、主要建议

建议1：结合保护地体系改革与中国黄（渤）海候鸟栖息地世界自然遗产申请的契机，进一步扩增保护地面积，弥补关键栖息地保护空缺。

2019年6月，中共中央办公厅、国务院办公厅印发了《关于建立以国家公园为主体的自然保护地体系的指导意见》，提出构建统一的自然保护地分类分级管理体制，科学制定国家公园空间布局方案。2019年7月，中国黄（渤）海候鸟栖息地（第一期）获准列入《世界遗产名录》，而黄（渤）海候鸟栖息地（第二期）将于第47届世界遗产大会提请加入。结合上述契机，将具有独特价值、关键的栖息地，如长江以北的重要滨海湿地纳入新增保护地，将为滨海湿地，特别是东亚-澳大利西亚候鸟迁徙路线的水鸟保护做出重要贡献，为国际遗产保护提供中国模式。

建议2：加强滨海湿地修复技术支撑体系建设，提升湿地修复的理论和技术能力。开展滨海湿地专项监测及保护和修复技术研发，为滨海湿地综合治理提供范本。

由于缺乏理论基础和科学技术支撑，目前部分湿地恢复工程所采取的措施与湿地修复的初衷背道而驰。应加强滨海湿地专项监测及保护和修复技术研发，包括开展滨海湿地滩涂、红树林、海草床等专项调查，为湿地保护和修复提供本底数据；在实施海岸带生态修复"碧海蓝天"工程中，优先开展自然湿地的修复，通过近自然的方式，以本土植被和动物的保护及恢复为目标，实现栖息地改造和修复；总结优化滨海湿地保护和修复的模式，应用于《渤海综合治理攻坚战行动计划》等湿地修复工程中，为滨海湿地综合治理提供范本。

建议3：确立地方政府在滨海湿地保护和管理中的主体地位，结合以"国家公园"为主体的保护地体系建设，进行保护地体系的科学布局。

国家层面已启动湿地保护相关法律的立法进程，也开展了滨海湿地保护行动，地方政府对滨海湿地保护的主体责任不容忽视，特别是之前对滨海湿地造成毁灭性破坏的围垦和填海等工程，大多是地方政府追逐经济利益的牺牲品。近两年来，无新增和扩增湿地类型保护区，如何由被动保护转变为主动保护，任重而道远。长期以来，各级各类空间规划类型过多，内容重叠冲突，导致空间资源配置无序和低效，在滨海湿地保护管理中比较突出。立足现有空间规划存在的冲突问题，开展以国家公园为主体的自然保护地体系建设和顶层设计，加强湿地资源管理确权和保护激励，确立湿地保护和管理中地方政府的主导作用，逐步改善保护地体系建设停滞不前的局面。

建议4：推进滨海湿地保护的社会参与，加强湿地自然教育。

滨海湿地保护是一项社会工程，需要国际组织、社会团体、企业及公众的配合与支持，形成滨海湿地保护的社会氛围。各界的关注与参与是滨海湿地保护中不可或缺的部分，将保护自然环境同人类的福祉相结合是当代自然保护的核心议题，自然教育正是将两者相结合的完美契机。非政府组织（NGO）在这一方面可以起到重要的作用，如结合世界湿地日、爱鸟周、保护野生动物宣传月等组织专题宣传活动、知识讲座与科普宣传等。自然保护区试点自然教育市场化、规范化运营，探索自然教育盈利模式，提升社会责任感。

Executive Summary

The coastal wetlands in China provide key habitats and breeding sites for migratory waterbirds and neritic organisms with their rich biodiversity. They are not only known as precious natural resources, but also key components of a biotic community of mountains, rivers, forests, cropland, lakes and grasslands for their important ecological functions and values. These coastal areas support millions of migratory waterbirds along the East Asian-Australasian Flyway (EAAF) of international importance, and are home to rich fishery resources, mangroves and seagrass beds. They are recognized as key parts of global biodiversity, while providing natural eco-safety barrier for the development of economically developed coastal regions in China.

In July 2018, the State Council issued the *Circular of the State Council on Strengthening the Protection of Coastal Wetlands and Strictly Regulating Sea Enclosure and Reclamation,* stressing that it is required to bring new land reclamation efforts under stringent regulatory control, speed up the solving of long-standing problems in coastal wetland reclamation, and improve the regulatory capacity, in a bid to promote the protection of coastal wetlands and restoration of damaged wetland ecosystems.

Nevertheless, the problems of wetlands decrease and functions degradation still exist and widespread due to a wide range of issues, such as the fast industrialization and urbanization, increased pressures of wetlands and their biodiversity loss, lack of coordinated wetland management systems, over-lapping of different administrative functions, and conflict among different sectors' policies on wetland management.

Main Findings

Finding 1: China has made major breakthroughs in developing wetland protection systems and legislation over the past two years. Several normative documents on wetland conservation have been issued, and the coastal wetlands and coastal zones protection has been given top priority in the national strategy.

As one of the most important and severely threatened ecosystems globally, the coastal wetlands play a significant role in maintaining the balance and health of ecosystems. Over the recent years, China has consistently promoted the implementation of national strategy on coastal wetland protection and management and fostered the legislation on wetland conservation at the national level. According to the State Council's reshuffle plan, the National Forestry and Grassland Administration, or NFGA, was set up, which is fully responsible for wetland protection and restoration, supervising the management of various types of natural protected areas.

In particular, the Wetland Conservation and Management Center was changed from a public institution into a government agency: Wetland Management Department under NFGA. In the *Categorization of the Third National Land Resources Survey* and *the Categorization of Land Use Current Status* (GB/T 21010—2017), wetland is defined as the First-Class Land. In the *Circular of the State Council on Strengthening the Protection of Coastal Wetlands and Strictly Regulating Sea Enclosure and Reclamation*, it was required to fully stop of new land reclamation projects and strengthen the marine ecological protection and restoration. In addition, the Ministry of Ecology and Environment, the Ministry of Natural Resources, and other ministries and commissions jointly issued the *Action Plan on Launching the Tough Battle on the Integrated Regulation of Bohai Sea*, indicating that the coastal wetland conservation efforts have moved from the stage of "land reclamation from the sea" into a new stage of "comprehensive conservation".

Finding 2: Initial success has been achieved in coastal wetland conservation, which has attracted extensive attention from the general public and received international support. The coastal wetland monitoring, public participation and international cooperation and exchange are being promoted on all fronts.

The extensive concern of the central government and general public has brought new opportunities for coastal wetland conservation. As the coastal wetland protection action is being taken consistently, some initial success has been achieved in such effort at national level. The *White Book on the Ecological Status of Ramsar Sites in China*, published on the World Wetlands Day—February 2 in 2019, gave a full account of the ecological status of 57 Ramsar sites in China and the threats they are facing, providing a scientific basis for the protection and management of Ramsar sites in the country.

At the 13th Meeting of the COP to the Ramsar Convention on Wetlands (COP 13) held in Dubai, UAE from 21-29 October 2018, six Chinese cities including Dongying and Haikou were recognized as International Wetland Cities. Migratory Bird Sanctuaries along the Coast of the Yellow Sea-Bohai Gulf of China (Phase 1) were inscribed into the *World Heritage List* at the 43rd Session of UNESCO World Heritage Convention held on July 5, 2019, in Baku, Azerbaijan. The public participation has played an increasingly important role in wetland conservation. The NGOs are actively engaged in survey and protection of endangered waterbird species, as well as wetland management, one of the good examples is Free Flying Wing (FFW) Project launched by Society of Entrepreneurs and Ecology (SEE) Foundation.

Finding 3: China's coastal wetlands provide important ecosystem services. Enhancing the natural wetland protection, therefore, can effectively improve the value of coastal wetland ecosystem services, in particular that of indirect services, in a bid to promote their functions of habitats, wave attenuation and carbon storage, among others.

Thirty-five coastal national nature reserves in China were selected for valuation of their ecosystem services. The total economic value of coastal wetland ecosystems was calculated to be RMB 206.636 billion on an annual basis. In terms of the components of ecosystem services, supporting services take up the largest proportion (30.38%), which is followed by regulating services (30.10%), while the provisioning services account for the smallest proportion (16.68%). The mean annual direct and indirect values of wetlands in 35 coastal national nature reserves are estimated to be RMB 68.812 billion and RMB 137.825 billion respectively. Among them, the value of habitat services is the highest (RMB 62.777 billion per year), which is followed by that of tourism and recreation services (RMB 34.359 billion per year) and that of shoreline protection services (RMB 30.324 billion per year).

Finding 4: There still exists a significant gap in coastal wetland conservation. Moderate progress has been made in developing a wetland protected area system. There is an urgent need for wetland conservation and restoration.

Top 10 Endangered Coastal Wetlands were voted by the general public in 2019, extend from Hulu Island in Liaoning Province (northeast) to Danzhou Bay in Hainan Province (south). They are located in seven provinces/municipalities (e.g., Liaoning, Hebei, Tianjin, Shandong, Zhejiang, Fujian and Hainan), covering the major types of wetlands in China's coastal areas: coastal wetland, intertidal mudflat, estuary, bay and mangrove. Top 10 Endangered Coastal Wetlands are rich in biodiversity and ecological functions. Most of them, however, have not yet been included in China's existing wetland protection area system, and there exists a significant gap in wetland conservation. Due to the conflict between ecological conservation and economic development and the pressure from the governmental inspection on ecological and environmental protection, the local governments lack sufficient motivation to build protected areas. Over the past two years, no coastal wetland nature reserves have been newly established. As these key wetland sites are facing different threats, there is an urgent need to protect and restore them.

Main Recommendations

Recommendation 1: Take advantage of the opportunities of protected area system reform and nomination of Coast of the Yellow Sea-Bohai Gulf of China as World Natural Heritage to further expand the coverage of protected areas and fill in the gap in terms of protection of key habitats.

The General Office of the CPC Central Committee and the General Office of the State Council jointly issued *the Guidelines for Establishing a Natural Protected Area System Focusing on National Parks* in June 2019, proposing to build a unified management mechanism on natural protected areas based on different categories and levels and develop a scheme on national parks spatial layout on scientific basis. In July 2019, Migratory Bird Sanctuaries along the Coast of the Yellow Sea-Bohai Gulf of China (Phase I) were inscribed into the *World Heritage List*, while the Phase II of the project is expected to be inscribed into the *World Heritage List* at the 47th Session of UNESCO World Heritage

Convention to be held in 2023. By taking advantage of these opportunities, China can include the key habitats with unique values, in particular the key coastal wetlands from Changjiang River Delta (south) to Yalu River (North), as new protected areas. This will make significant contribution to the conservation of coastal wetlands and migratory waterbirds along EAAF, and provide China's showcase for international natural heritage protection efforts.

Recommendation 2: Enhance scientific and technical support to coastal wetland restoration, and explore and apply the science-sound best management practices for coastal wetland restoration projects.

Due to lack of theoretical basis and technical support, the measures taken by some wetland restoration projects run counter to the original intention of wetland restoration. Therefore, it is necessary to enhance R&D of technologies on coastal wetlands special monitoring, protection and restoration, conduct thematic survey on coastal mudflats, mangroves and seagrass beds so as to provide baseline data for wetland protection and restoration. In implementing the "Blue Bay" Ecological Restoration Programme along coastal zone, Governments at various levels should give top priority to the restoration of natural wetlands, restore and rehabilitate habitats by protecting and restoring the native flora and fauna with nature-based solution (NbS). Furthermore, the best practices on coastal wetland protection and restoration can be explored and applied in wetland restoration projects including *Action Plan on Launching the Tough Battle on the Integrated Regulation of Bohai Sea*, so as to provide models for integrated management of coastal wetlands in the country.

Recommendation 3: Delegate the major responsibilities of local governments in coastal wetland protection and management to distribute the protected area system in a scientific way, by combining with the development of protected area system focusing on national parks.

At the national level, China has launched the legislation on wetland and taken actions on coastal wetland conservation. However, the major responsibilities of local governments in coastal wetland conservation should be enhanced. In particular, most of the land reclamation projects were implemented by local governments to seek economic benefits and have destroyed some coastal wetlands. No wetland nature reserves have been newly established or upgraded in last two years. Therefore, there is still a long way to go on how to move from passive protection to active conservation of coastal wetlands.

For a long time, the different wetlands at various levels in China are categorized by too many types and overlapping in spatial planning, leading to inefficiency in spatial allocation of resources, and coastal wetland in particular. For this reason, it is important to address the conflict of spatial planning for various types of wetlands at different levels, strengthen the top-level design of and build natural protected area system focusing on national parks. Efforts should also be made to enhance the confirmation of wetland resources management entitlements and strengthen incentives for wetland protection, and delegate the major responsibilities of local governments in wetland protection and management so as to gradually promote the development of wetland protected area system in the country.

Recommendation 4: Engage the key stakeholders in coastal wetland conservation and enhance nature education on wetlands.

Coastal wetland conservation is a social program. It needs the coordination and support of various stakeholders, including international organizations, civil societies, businesses and general public. The attention and participation of various stakeholders plays an integral part in coastal wetland conservation. As protecting natural environment and contributing to the well-being of mankind are the two major themes of natural protection, nature education offers a good opportunity to link the two themes. NGOs can play a crucial role in this area, by organizing public education campaigns, knowledge lectures and popular science education activities on the occasions of World Wetlands Day, Bird-Loving Week and the Month for Protection of Wildlife, etc. Nature reserves can conduct pilot projects on market-based and standardized operation of natural education, explore the profitable models for nature education and have a stronger sense of social responsibilities.

常用术语

湿地：根据《湿地公约》的定义，湿地是指天然或人造、永久或暂时的死水或流水、淡水、微咸或咸水沼泽地、泥炭地或水域，包括低潮时水深不超过 6m 的海水区。

滨海湿地：《湿地公约》定义滨海湿地包括以下 12 类。

（1）浅海水域：低潮时水深不超过 6m 的永久水域，植被盖度 < 30%，包括海湾、海峡。

（2）潮下水生层：海洋低潮线以下，植被盖度 ≥ 30%，包括海草层、海洋草地。

（3）珊瑚礁：由珊瑚聚集生长而成的湿地。包括珊瑚岛及有珊瑚生长的海域。

（4）岩石性海岸：底部基质 75% 以上是岩石，盖度 < 30% 的植被覆盖的硬质海岸，包括岩石性沿海岛屿、海岩峭壁。本次调查指低潮水线至高潮浪花所及地带。

（5）潮间沙石海滩：潮间植被盖度 < 30%，底质以砂、砾石为主。

（6）潮间淤泥海滩：植被盖度 < 30%，底质以淤泥为主。

（7）潮间盐水沼泽：植被盖度 ≥ 30% 的盐沼。

（8）红树林沼泽：以红树植物群落为主的潮间沼泽。

（9）海岸性咸水湖：海岸带范围内的咸水湖泊。

（10）海岸性淡水湖：海岸带范围内的淡水湖泊。

（11）河口水域：从近口段的潮区界（潮差为零）至口外海滨段的淡水舌锋缘之间的永久性水域。

（12）三角洲湿地：河口区由沙岛、沙洲、沙嘴等发育而成的低冲积平原。

东亚 - 澳大利西亚候鸟迁徙路线：指自北极圈向南延伸，通过东亚和东南亚到达澳大利亚和新西兰的鸟类迁飞区，涵盖了 22 个国家，我国沿海 11 个省（自治区、直辖市）湿地是该迁徙路线的重要栖息地，特别是黄渤海滩涂湿地被称为该迁徙路线上的候鸟"加油站"。

湿地生态系统服务：湿地生态系统服务是指人类从湿地中直接或间接获取的收益。其中，供给服务（provisioning service）是指生态系统为人们的生存和发展直接提供的各种产品或物质，包括食物供给和原材料供给；调节服务（regulating service）是指从生态系统过程的调节作用中获得的收益，包括消浪护岸（海岸防护）、净化水质、蓄水调节、碳储存；文化服务（cultural service）是指人们通过精神感受、主观印象、消遣娱乐和美学体验从生态系统中获得的非物质利益，包括旅游休闲和地方感（地方感主要是指人们从在湿地附近生活、参与构成湿地景观或单纯知道这些地方和它们的特有物种存在中获得文化认同感或者感知价值，是人们对湿地文化、精神、审美等无形价值的认知）；支持服务（supporting service）是指保证和支撑以上生态系统服务的产生所必需的基础服务，包括栖息地服务。

致　谢

首先要感谢阿拉善 SEE 基金会、红树林基金会（MCF）为本项目提供的资助。感谢项目组的各位专家对项目的支持，专家们积极参与讨论、交流和调研活动，为本研究项目的顺利开展提供了科学指导。

感谢项目指导委员会国家林业和草原局湿地管理司鲍达明副司长，中国湿地保护协会副会长、常务副秘书长刘亚文先生，北京林业大学生态与自然保护学院雷光春教授，北京师范大学生命科学学院张正旺教授，北京师范大学环境学院崔保山教授为本项目提供的学术指导。感谢红树林基金会（MCF）闫保华秘书长、阿拉善 SEE 华东项目中心副主席刘雷、阿拉善 SEE 华北项目中心主席朱仝、阿拉善 SEE 山东项目中心主席宗艳民、阿拉善 SEE 福建项目中心主席项雷，以及阿拉善 SEE 基金会张博文副秘书长对本报告的支持。

项目研究组得到了中国科学院及相关大学等国内外研究机构与专家的支持，他们参与了项目组的学术会议与讨论，并参与撰写了部分文稿。各章节作者包括（按姓氏笔画排序）：于秀波、王玉玉、刘玉斌、刘宇、刘傲禹、许策、李卉、李晓炜、杨萌、张立、张琼、张小红、张广帅、张博文、周志琴、周杨明、段后浪、侯西勇、莫燕妮、贾亦飞、夏少霞、摆万奇、窦月含。全书由于秀波、夏少霞、窦月含统稿，由夏少霞、徐莉、赵宁、闫吉顺、张广帅、聂子峻等制图，由刘傲禹、张琼、曹欢和窦月含负责项目的沟通与协调。

感谢十块最受关注湿地的推荐机构及环保人士等众多合作伙伴为项目实施提供了数据和照片等素材。温州野鸟会、福建省观鸟会、天津市滨海新区疆北湿地保护中心、海口畓莳湿地研究所/海南观鸟会、秦皇岛市观（爱）鸟协会、厦门雎鸠生态科技有限公司、中国沿海水鸟同步调查项目组、葫芦岛市野生动植物湿地保护协会、青岛市观鸟协会等 41 家环保公益组织、观鸟会、科研机构等推荐了 23 块备选湿地。2019 年 2 月 2 日至 3 月 2 日，采用线上投票的方式，评选出十块最值得关注的湿地，投票网站被访问 131 076 次，共收到 23 439 份投票。入选最受关注十块湿地的推荐机构及其工作人员参加了书稿中相应湿地的编写，包括（按音序排）：陈志鸿、江航东、刘学忠、卢刚、聂永新、天津市七里海湿地自然保护区管理委员会、王小宁、王翊肖、薛琳。照片提供者或机构包括（按音序排）：EAAFP青头潜鸭工作组、戴美洁、冯尔辉、高宏颖、谷峰、贾亦飞、孔祥林、李金红、林植、林长洛、刘安、刘学忠、卢刚、罗理想、聂永新、天津市七里海湿地自然保护区管理委员会、王东、王雄、王文卿、王先艳、薛琳、盐城广播电视中心、杨玉萍、叶成光、张广帅、郑鼎、郑爱民、郑小兵、周佳俊、周进锋。170多名专家、学者参加了滨海湿地保护十大进展的评选。

感谢相关科研机构与大学的专家对本次项目组撰写的文稿进行书面评审，确保文稿在质量上得以提升。这些评审专家包括：鲍达明、刘亚文、陶思明、马志军、王静、肖玉、王先艳等。感谢鲍达明、刘亚文、陶思明、马超德、谢高地、李博、达良俊、常青、孙玉露、焦盛武等专家在书稿评审会上提出的宝贵意见。

特别感谢阿拉善SEE科学顾问委员会主任魏辅文院士、阿拉善SEE基金会艾路明会长和红树林基金会（MCF）发起人孙莉莉女士在百忙之中为本书作序。

目 录

第一章　引言 ··· 1

第二章　中国沿海湿地保护十大进展 ·· 5

　一、近两年来中国沿海湿地保护进展概述 ·· 6

　二、中国沿海湿地保护十大进展介绍 ·· 10

　　（一）国务院印发《国务院关于加强滨海湿地保护严格管控围填海的通知》 ········ 11

　　（二）中国生态保护红线和湿地保护制度进一步强化 ···························· 13

　　（三）中国黄（渤）海候鸟栖息地（第一期）入选世界自然遗产 ·················· 16

　　（四）生态环境部、国家发展改革委和自然资源部联合印发了
　　　　《渤海综合治理攻坚战行动计划》 ·· 18

　　（五）中共中央环境保护督查委员会和"绿盾2018"自然保护区监督检查
　　　　专项行动取得阶段性成果 ·· 22

　　（六）"蓝色海湾"整治行动取得阶段性成效，中央首提海上环卫制度 ·············· 23

　　（七）全球环境基金助力沿海湿地保护 ·· 25

　　（八）民间环保组织促进濒危生物及栖息地保护 ································ 29

　　（九）《中国国际重要湿地生态状况白皮书》于2019年世界湿地日发布 ············ 32

　　（十）中国六城荣获"国际湿地城市"称号 ······································ 34

第三章　最值得关注的十块滨海湿地 ·· 37

　一、最值得关注的十块滨海湿地评选 ·· 38

二、最值得关注的十块滨海湿地介绍 ··· 41
（一）辽宁葫芦岛打渔山入海口湿地 ·· 41
（二）河北秦皇岛石河南岛湿地 ··· 46
（三）天津七里海湿地 ··· 49
（四）山东胶州湾河口湿地 ·· 54
（五）山东青岛涌泰湿地公园 ·· 59
（六）浙江温州湾湿地 ··· 63
（七）福建兴化湾湿地 ··· 67
（八）福建晋江围头湾湿地 ·· 71
（九）福建泉州湾湿地 ··· 74
（十）海南儋州湾湿地 ··· 78

第四章 沿海保护区湿地生态系统服务价值评估 ··· 83
一、沿海湿地生态系统服务分类 ·· 84
二、沿海湿地生态系统服务价值评估方法 ·· 84
（一）生态系统服务价值量化方法 ·· 84
（二）评估指标参数库的构建及数据处理方法 ··· 84
（三）价值评估指标 ·· 85
三、沿海国家级保护区湿地生态系统服务价值评估结果 ··· 86
（一）不同自然保护区单位面积生态系统供给服务价值 ·· 86
（二）不同类型的自然保护区湿地生态系统服务价值构成对比 ································ 87
（三）不同类型湿地生态系统服务单位面积价值 ·· 89
（四）35个国家级自然保护区湿地生态系统服务价值 ··· 90
（五）湿地生态系统服务价值量空间特征分析 ·· 92
（六）湿地生态系统服务总价值 ··· 95
四、小结与讨论 ··· 96

第五章 典型案例：海南红树林湿地保护 ··· 97
一、海南红树林资源状况 ·· 101
二、海南红树林面临的威胁与挑战 ··· 105

（一）旅游开发、城镇化及水利建设阻隔海陆连通性，改变水文条件 ………… 107
　　（二）生产生活污染造成红树林湿地水体富营养化 ……………………………… 108
　　（三）滩涂养殖、过度捕捞破坏红树林湿地的食物网 …………………………… 109
　　（四）外来红树植物对乡土红树植物的竞争压力 ………………………………… 109
　三、海南红树林保护的探索与实践 ………………………………………………………… 110
　　（一）建章立法，稳步加强红树林保护 …………………………………………… 110
　　（二）建保护地，抢救性保护红树林资源 ………………………………………… 111
　　（三）成立联盟，加强保护地间的交流与联合 …………………………………… 112
　　（四）依托专家，为红树林湿地保护修复提供有力的科技支撑 ………………… 114
　　（五）借力国际合作项目，积极联合社会组织形成合力 ………………………… 115
　　（六）广泛宣传，有效提升红树林保护意识 ……………………………………… 116
　四、展望 ……………………………………………………………………………………… 117
　　（一）遵循自然规律 ………………………………………………………………… 117
　　（二）重视科学支撑 ………………………………………………………………… 117
　　（三）提升管理水平 ………………………………………………………………… 118
　　（四）消除外部威胁 ………………………………………………………………… 118
　　（五）发动社会参与 ………………………………………………………………… 118

第六章　结论与建议 …………………………………………………………………………… 119

附录 ……………………………………………………………………………………………… 125
　附录1　生态系统服务价值量化方法 …………………………………………………… 126
　附录2　生态系统服务价值评估参考的文献 …………………………………………… 136

参考文献 ………………………………………………………………………………………… 145

引　言

第一章

中国沿海湿地保护绿皮书（2019）

本章主笔作者：于秀波、窦月含
本章湿地数据来源：樊辉，降初.中国湿地资源系列图书（2016）.北京：中国林业出版社我国海岸线长达18 000km，涉及辽宁、河北、天津、山东、江苏、上海、浙江、福建、广东、广西、海南等11个省（自治区、直辖市）及港澳台地区。东部沿海11个省（自治区、直辖市）居住着全国40%的人口，是我国经济总量最大的区域，占全国国内生产总值（GDP）的58.6%。我国沿海湿地是重要的生命支持系统，有河口、三角洲、滩涂、红树林、珊瑚礁等多种典型类型，沿海湿地面积为579.59万hm²，占全国湿地总面积的10.85%。

我国沿海湿地拥有极其丰富的生物多样性，滨海湿地是迁徙水鸟和近海生物的重要栖息繁殖地，具有重要的生态功能和生态价值，既是宝贵的自然资源，也是山水林田湖草生命共同体的重要组成部分。加强滨海湿地保护，有利于严守海洋生态保护红线，改善海洋生态环境，提高生物多样性水平，维护国家生态安全。特别是中国沿海地区不仅是东亚-澳大利西亚候鸟迁徙路线上数百万迁徙水鸟的重要栖息地，还孕育着丰富的渔业资源；红树林和海草床是全球生物多样性的重要组成部分，同时也为我国沿海经济发达地区提供了天然的生态安全屏障。

值得重视的是，沿海湿地保护是我国湿地保护的"短板"。根据国家林业局（现为国家林业和草原局）2014年公布的第二次全国湿地资源调查结果，受保护的滨海湿地面积达139.04万hm²，占滨海湿地总面积的23.99%，低于全国43.5%的湿地平均保护率。按照相同的统计口径，天然湿地面积比第一次全国湿地资源调查面积减少了8.82%，而沿海11个省（自治区、直辖市）的滨海湿地面积减少了21.91%。

中共十八大以来，党中央将生态文明建设纳入"五位一体"总体布局和"四个全面"战略布局，湿地保护工作也受到了中央与地方政府的高度重视。2016年，国务院办公厅印发了《湿地保护修复制度方案》，提出了8亿亩①湿地总量管控目标，国家林业局、国家发展和改革委员会（国家发展改革委）等八部委联合印发了《贯彻落实＜湿地保护修复制度方案＞的实施意见》，并实施了《全国湿地保护工程规划（2002—2030年）》及全国湿地保护"十二五"、"十三五"规划。我国湿地保护从"抢救性保护"向"全面保护"转变。

2018年7月国务院印发了《国务院关于加强滨海湿地保护严格管控围填海的通知》，强调指出要严控新增围填海，保障国家重大战略项目用海；开展现状调查，加快处理围填海历史遗留问题；提升监管能力，全面落实严控围填海政策。在地方层面，广东省、浙江省、山东省、福建省、天津市等沿海省（直辖市）相继出台了加强滨海湿地保护严格管控围填海的实施方案，是《国务院关于加强滨海湿地保护严格管控围填海的通知》在地方的具体行动，对滨海湿地保护和受损湿地生态系统修复起到了决定性作用。

---

① 1亩≈666.7m²

第一章 引　言

近几年，随着我国政府对湿地保护重视程度的提高，已经形成了以自然保护区为主体、湿地公园和保护小区并存，其他保护形式互补的湿地保护体系。截至 2018 年底，全国共有 602 个湿地类型自然保护区，898 个国家湿地公园，57 处国际重要湿地，湿地保护率从 2013 年的 43.51%（第二次全国湿地资源调查结果，2014 年 1 月）提高到 49.03%。沿海省份共有国际重要湿地 18 处、湿地自然保护区 80 多处、国家湿地公园 218 处，纳入保护区体系的沿海湿地面积为 139.50 万 hm^2，保护率为 24.07%。

2019 年 7 月 5 日，在第 43 届世界遗产大会上，位于江苏省盐城的中国黄（渤）海候鸟栖息地（第一期）被联合国教科文组织列入《世界遗产名录》，成为中国首项湿地类型的世界自然遗产。黄（渤）海候鸟栖息地申遗成功，是践行习近平生态文明思想，贯彻绿色发展理念的现实生动体现，是中国的世界自然遗产从陆地走向海洋的开始，为经济发达、人口稠密的东部沿海地区自然遗产的保护与合理利用提供了创新典范，为中国早日加入《世界遗产海洋计划》打下良好的基础，也为中国现行湿地保护体系的补充提供了新的模式。

然而，我国湿地保护与修复的任务依然艰巨且紧迫。大规模填海造地改变了海岸带陆海生态空间格局，对海岸带环境和滨海湿地产生了很大的负面影响：一是大规模填海造地造成潮滩湿地面积减少，侵占和破坏红树林、海草床等重要生态系统和重要海洋经济生物的产卵场、索饵场、育幼场和洄游通道，造成沿海生态功能严重退化；二是大规模填海叠加累积，使海湾、河口纳潮量减小，水体交换和自净能力减弱，对海湾和河口生态系统的自我修复能力产生了持久性影响；三是填海形成的临港工业、港口码头等活动增加了污染物排放量，增大了沿海湿地环境风险。围海养殖占用了大量海湾、河口和滨海湿地等重要生态空间，破坏了红树林、珊瑚礁、海草床等典型生态系统，造成生境破碎化加剧，生物多样性锐减，不利于滨海湿地生态功能的保护和发挥。

两次全国湿地资源调查结果显示，近 10 年来受基建占用威胁的湿地面积由 127 600 hm^2 增加到 1 292 800 hm^2，增长了 10 倍以上。据统计，与 20 世纪 50 年代相比，中国沿海湿地面积已累计丧失 57%，红树林面积丧失 73%，珊瑚礁面积减少了 80%，海草床绝大部分消失，2/3 以上海岸遭受侵蚀，沙质海岸侵蚀岸线已逾 2500km。

滨海湿地水鸟有 29 种为全球受威胁物种，占整个东亚 - 澳大利西亚候鸟迁徙路线全球受威胁物种数的 67%。

外来物种入侵也是我国沿海湿地保护所面临的巨大威胁。为了保滩护岸、改良土壤、绿化海滩和改善海滩生态环境，原产北美洲大西洋海岸的互花米草（*Spartina alterniflora*）在 1979 年被引入我国。由于互花米草具有耐盐、耐淹、抗逆性强、繁殖力强的特点，自然扩散速度极快，侵占了水鸟的适宜栖息地，已在不少海域泛滥成灾，我国在2003年把互花米草列入首批外来入侵物种名单。

过度捕捞和采集使我国的近海渔业资源严重衰退。据联合国粮食及农业组织的统计，我国现在是世界捕鱼第一大国，且已经连续17年捕捞量排世界第一。在20世纪末的近20年时间里，中国近海捕捞量持续大幅增长，各大渔场传统渔业种类消失、优质鱼类渔获量减少、经济种群低龄化小型化趋势明显，我国海洋生物物种的种类分别减少40%和30%，滩涂养殖和过度捕捞严重影响候鸟的栖息地质量，人鸟争食的情况屡见不鲜。

伴随着快速的工业化和城市化进程，湿地及其生物多样性承受的压力日益增大，再加上我国湿地保护缺乏科学的、综合性的国家级战略规划与政策，湿地管理存在管理机构能力不足、体制机制不顺、相关法律法规体系不完善、政策上存在相互冲突，管理职能上存在重叠、交叉和缺位等问题，湿地在法律法规上还属于未利用地，公众对湿地保护的意识有待提升等，我国湿地面积持续减少、功能退化的现象仍然普遍存在。

《中国沿海湿地保护绿皮书》（以下简称《绿皮书》）是介绍中国沿海湿地健康状况、保护进展与热点问题的双年度评估报告，属于评估报告和高级科普读物，面向的读者主要是从事湿地保护与管理的政府官员、湿地类型保护区与国家湿地公园的管理与技术人员、NGO人员、研究人员和关心湿地与候鸟保护的公众，特别是中国沿海湿地保护网络成员单位相关人员。其编写与发布的目的是发展公众参与机制，推动民间保护力量的成长；影响滨海湿地管理部门的决策，推动湿地法律、法规的制定和管理。本报告所涉及的空间范围为中国沿海11个省（自治区、直辖市），包括辽宁、河北、天津、山东、江苏、上海、浙江、福建、广东、广西、海南。

《中国沿海湿地保护绿皮书（2017）》由国家林业局湿地保护管理中心指导，由阿拉善SEE基金会、红树林基金会（MCF）资助，由中国科学院地理科学与资源研究所组织编写，已于2017年在辽宁盘锦召开的沿海湿地保护网络年会上发布。该报告的结果屡次被中国湿地协会自媒体、阿拉善SEE公众号等多家媒体、机构引用报道，受到了保护区等相关机构的重视。该报告中所评选出的最值得关注的十块滨海湿地，多数已经被保护区、国家湿地公园及阿拉善"任鸟飞"项目保护地块所覆盖。

《中国沿海湿地保护绿皮书（2019）》主要包括中国沿海湿地保护进展、最值得关注的十块滨海湿地、沿海湿地生态系统服务价值评估、沿海湿地保护典型区域等内容。希望通过连续的评估监测推动公众对沿海湿地保护的关注；希望在政府的主导下、在科学的基础上发挥民间组织的力量，推动我国湿地保护行动。

由于水平所限，《绿皮书》中的不足在所难免，请读者不吝指正，以便进一步修改完善。

第二章 中国沿海湿地保护十大进展

中国沿海湿地保护绿皮书（2019）

本章主笔作者：张广帅、于秀波、张琼、许策

一、近两年来中国沿海湿地保护进展概述

"中国滨海湿地保护管理战略研究"项目（2014~2015年）以中国滨海湿地的现状与问题、滨海湿地动态变化情景预测为基础，重点以水鸟为主要指示物种，确定滨海湿地的保护空缺以及保护优先区，提出了中国滨海湿地保护管理战略，确定了2020年以前应重点关注的7个领域22项优先行动。"中国滨海湿地保护管理战略研究"项目的研究结论与建议见专栏2.1。

专栏2.1 "中国滨海湿地保护管理战略研究"项目的研究结论与建议

主要结论如下。

（1）中国滨海湿地是重要的生命支持系统，是沿海地区经济社会持续发展的重要生态屏障；对近海渔业可持续发展和东亚-澳大利西亚候鸟迁徙路线上的候鸟保护具有不可替代的重要作用。

（2）快速、大范围的围垦和填海是造成滨海湿地面积锐减的主要原因；未来规模庞大的围垦计划，将使得全国8亿亩湿地保护红线被突破，迫切需要采取有效措施，坚决遏制对滨海湿地的过度开发。

（3）滨海湿地围垦与填海造成的候鸟栖息地丧失，已经对鸻鹬类等迁徙水鸟构成了直接威胁，是东亚-澳大利西亚候鸟迁徙路线上水鸟种群锐减的主要原因之一。

（4）滨海湿地是我国湿地保护的薄弱环节，存在明显的保护空缺。

（5）我国滨海湿地保护的相关法律体系不健全，缺乏有效的法律保护依据。我国滨海湿地保护还存在诸多体制机制冲突、困难和瓶颈，尚未建立统一完善的协调机制，滨海湿地保护任重而道远。

（6）中国和美国在滨海湿地保护中均已开展了很多探索和实践，积累了一些经验、技术和方法，但我国滨海湿地保护起步较晚，在基础研究、应用研究和管理模式示范方面还存在着诸多瓶颈。

主要建议如下。

（1）加强国家层面湿地立法，修订和完善现有相关法律中有关滨海湿地的部分，加强执法工作和追责工作，建立有效的协调管理机制。

（2）将滨海湿地保护纳入统一的国土空间开发保护规划中，在沿海县（市）一级开展"多规合一"试点，重新评估并暂停实施已批复的滨海湿地围垦和填海工程项目。

（3）加大滨海湿地保护恢复工程力度，开展湿地保护投融资试点，改善滨海湿地的健康状况及其生态系统的服务功能。

（4）新建滨海湿地类型保护区或扩大保护区范围，填补保护空缺，建立和完善滨海湿地保护体系。

（5）大力加强滨海湿地的基础科学研究，积极开展滨海湿地生态系统的监测和评估，研发滨海湿地保护和恢复的技术模式，为滨海湿地保护与管理提供强有力的科技支撑体系。

（6）促进中国沿海湿地保护网络发展，广泛开展滨海湿地与候鸟保护的宣传教育等活动，动员社会力量参与滨海湿地与候鸟保护工作。积极参与滨海湿地和迁徙水鸟保护的国际合作与交流。

资料来源：雷光春等，2017。

通过滨海湿地保护进展跟踪评估，本报告梳理了近两年来（2017年7月至2019年7月）优先行动在国家、地方、民间组织和研究机构等不同层面，以及在湿地保护法制建设、湿地保护修复政策、滨海湿地保护体系、滨海湿地保护与修复工程、滨海湿地保护科技支撑体系、公众参与机制及国际合作和交流等不同领域的进展。

评估发现，过去两年来，我国在沿海湿地保护制度建设、滨海湿地修复与保护、公众参与、地方保护力量和国际宣传建设等方面取得了可喜进展，在滨海湿地恢复支撑、滨海湿地保护区建设等方面仍存在较大的上升空间（表2.1）。

表2.1　滨海湿地进展跟踪对照表

滨海湿地保护优先行动*	进展评价 优	进展评价 良	进展评价 中	进展评价 差	典型案例
1. 完善湿地保护制度和法制体系					（1）2018年3月，国务院进行机构改革，设立国家林业和草原局湿地管理司，国家湿地主管部门由事业单位转变为国家部委组成部门 （2）农业农村部公布《渔业捕捞许可管理规定》 （3）全国人大常委会委托国家林业和草原局起草湿地保护相关法律，湿地立法工作进入"快车道" （4）广西开展红树林保护立法，实施《广西壮族自治区红树林资源保护条例》** （5）中共中央环境保护督察委员会（中央环保督察）和"绿盾2018"自然保护区监督检查专项行动取得阶段性成果**
1.1　颁布国家湿地保护法		√			
1.2　建立湿地综合执法制度			√		
1.3　健全湿地管理体系		√			

续表

滨海湿地保护优先行动*	进展评价 优	进展评价 良	进展评价 中	进展评价 差	典型案例
2. 优化湿地保护修复政策					（1）2018年7月国务院印发了《国务院关于加强滨海湿地保护严格管控围填海的通知》，禁止和限制滨海湿地围垦有了政策保障，并明确了滨海湿地保护和恢复的要求**
2.1 全面落实"零损失"的生态红线政策	√				
2.2 全面推进生态补偿政策			√		
2.3 创新湿地保护与恢复的市场机制			√		（2）2017年2月中共中央办公厅、国务院办公厅发布《关于划定并严守生态保护红线的若干意见》** （3）全国自然资源统一确权工作成效显著，浙江宁波市北仑区探索开展湿地和海岸带生态系统服务价值核算**
3. 完善滨海湿地保护体系					（1）中共中央办公厅、国务院印发了《关于建立以国家公园为主体的自然保护地体系的指导意见》，明确了国家公园、自然保护区和生态公园的分类体系及定位（详见专栏2.2）
3.1 增加沿海湿地保护地面积				√	
3.2 提升沿海湿地保护地的保护能力与有效性		√			
3.3 组织申报国际重要湿地和世界自然遗产，开展湿地类型的国家公园试点	√				（2）2018年《第三次全国国土调查工作分类》明确设立湿地为一级地类，湿地类型被纳入《土地利用现状分类》（GB/T 21010—2017）** （3）2019年4月生态环境部和自然资源部组织开展红树林生态保护修复监督管理专题调研
4. 实施滨海湿地保护修复工程					（1）生态环境部、国家发展改革委和自然资源部联合印发了《渤海综合治理攻坚战行动计划》**
4.1 滨海湿地保护基础设施建设工程			√		
4.2 滨海湿地保护能力建设工程			√		（2）"蓝色海湾"整治行动成效显著**
4.3 滨海湿地恢复工程		√			（3）2019年5月中共中央办公厅、国务院办公厅印发了《国家生态文明试验区（海南）实施方案》，首次提出建立海上环卫制度**
4.4 滨海湿地可持续利用示范工程			√		
5. 建立滨海湿地保护的科技支撑体系					（1）2017年10月，国家林业局湿地保护管理中心（现为国家林业和草原局湿地管理司）、中国科学院地理科学与资源研究所、阿拉善SEE基金会、红树林基金会（MCF）在盘锦市举行的"2017年中国沿海湿地保护网络年会"联合发布了《中国沿海湿地保护绿皮书（2017）》，对滨海湿地健康状况进行了系统评估
5.1 制定滨海湿地监测指标体系与技术规范		√			
5.2 建立和完善滨海湿地生态监测网络		√			
5.3 坚持长期沿海水鸟同步调查	√				
5.4 开展滨海湿地生态系统健康评估			√		（2）2018年4月"湿地国际"及有关保护区等顺利完成为期15天的黄渤海水鸟同步调查** （3）江苏盐城大丰麋鹿国家级自然保护区依托亚行贷款项目、中央财政湿地补偿项目、国家林业局湿地保护项目、绿色江苏项目等，对野外麋鹿及其栖息地进行系统保护监测 （4）2019年1月中国科学院地理科学与资源研究所联合国内科研院所制定了《湿地生态系统监测技术规范》

续表

滨海湿地保护优先行动*	进展评价 优	进展评价 良	进展评价 中	进展评价 差	典型案例
6. 建立滨海湿地保护的公众参与机制					（1）2019年1月，全球环境基金（GEF）理事会批准联合国开发计划署-全球环境基金（UNDP-GEF）中国水鸟迁徙项目，该项目1000万美元，由国家林业和草原局负责实施，辽河口、黄河三角洲、崇明东滩和大山包4个国际重要湿地为示范区** （2）民间组织促进濒危生物及栖息地保护**
6.1 建立中国沿海湿地保护网络、构建公众参与平台		√			
6.2 促进国内基金会与民间环保组织参与滨海湿地保护		√			
6.3 深化与国际组织在中国湿地保护方面的交流与合作		√			
7. 积极参与国际合作与交流					（1）2019年7月，中国黄（渤）海候鸟栖息地（第一期）纳入世界自然遗产，成为我国第一块以滨海湿地为保护主体的世界自然遗产** （2）2018年12月在东亚-澳大利西亚迁飞区伙伴协定第十次成员大会上，北京林业大学与红树林基金会（MCF）签订了《滨海湿地保育与管理战略合作框架协议》** （3）《中国国际重要湿地生态状况白皮书》于2019年世界湿地日发布** （4）中国6个城市荣获"国际湿地城市"称号**
7.1 认真履行湿地保护相关的国际公约	√				
7.2 完善东亚-澳大利西亚候鸟迁徙路线伙伴实施机制	√				
7.3 加强在湿地科学研究和保护管理方面的国际合作		√			

* 表示本表中的优先行动为《中国滨海湿地保护管理战略研究》报告所列的优先行动；** 表示为本报告所重点介绍的十大进展

专栏 2.2　中国自然保护地类型及其定义

国家公园：是指以保护具有国家代表性的自然生态系统为主要目的，实现自然资源科学保护和合理利用的特定陆域或海域，是我国自然生态系统中最重要、自然景观最独特、自然遗产最精华、生物多样性最富集的部分，保护范围大，生态过程完整，具有全球价值、国家象征，国民认同度高。

自然保护区：是指保护典型的自然生态系统、珍稀濒危野生动植物中的天然集中分布区，有特殊意义的自然遗迹的区域。具有较大面积，确保主要保护对象安全，维持和恢复珍稀濒危野生动植物种群数量及其赖以生存的栖息环境。

自然公园：是指保护重要的自然生态系统、自然遗迹和自然景观，具有生态、观赏、文化和科学价值，可持续利用的区域。确保森林、海洋、湿地、水域、冰川、草原、生物等珍贵自然资源，以及所承载的景观、地质地貌和文化多样性得到有效保护，包括森林公园、地质公园、海洋公园、湿地公园等各类自然公园。

摘录自《关于建立以国家公园为主体的自然保护地体系的指导意见》，中共中央办公厅、国务院办公厅，2019年6月。

二、中国沿海湿地保护十大进展介绍

针对近两年来沿海湿地保护的法规与政策、体制与机制创新、保护探索实践、公众关注热点问题等（图2.1），经专家组多次研讨，确定了"沿海湿地保护十大进展"遴选标准（专栏2.3），对沿海湿地保护工作的相关进展进行了系统梳理。经过来自科研院所、管理机构、政府机关和NGO等的170余位专家线上投票的方式，评选出了2018~2019年中国沿海湿地保护十大进展。所涉及的时间范围为2017年7月至2019年7月。

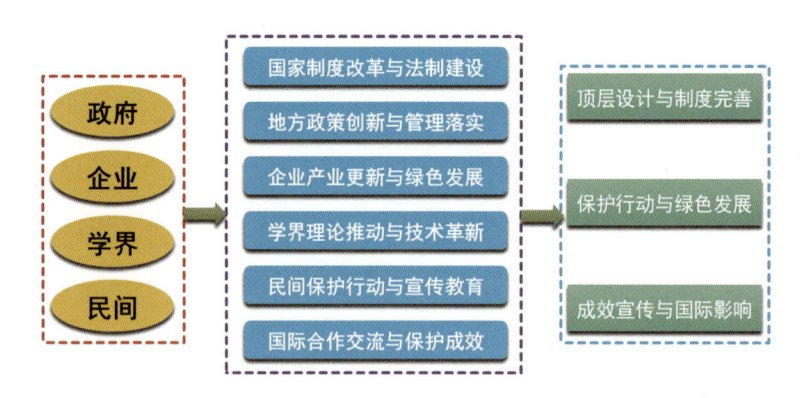

图2.1 中国沿海湿地保护十大进展遴选对象

专栏2.3 "沿海湿地保护十大进展"遴选标准

（1）**关注层级高**：沿海湿地保护得到中央和地方决策层的重视，并通过立法、政策、规划、项目等形式贯彻落实。

（2）**投入产出大**：在沿海湿地保护事业中，投入了较大的人力、物力或财力，并收到显著效果。

（3）**公众参与广**：与沿海湿地保护相关的活动得到公众认可，并使公众在相关活动中有较多的参与机会。

（4）**管理创新强**：在沿海湿地保护与管理工作中，具有示范意义的创新理念、组织形式、科技成果或管理方法。

（5）**社会影响深**：沿海湿地保护与管理中的某些实践或事件，媒体及各方关注度高，对提高社会公众对沿海湿地保护的认识发挥着长远而重要的作用。

资料来源：于秀波和张立，2018。

（一）国务院印发《国务院关于加强滨海湿地保护严格管控围填海的通知》

1. 围填海对沿海湿地生态系统的主要威胁

大规模填海造地改变了海岸带陆海生态空间格局，对海岸带环境和滨海湿地产生了很大的负面影响：一是大规模填海造地造成潮滩湿地面积减少，侵占和破坏红树林、海草床等重要生态系统和重要海洋经济生物的产卵场、索饵场、育幼场和洄游通道，造成沿海生态功能严重退化；二是大规模填海叠加累积，使海湾、河口纳潮量减小，水体交换和自净能力减弱，对海湾和河口生态系统的自我修复能力产生持久性影响；三是填海形成的临港工业、港口码头等活动增加了污染物排放量，增大了沿海湿地环境风险。围海养殖占用了大量海湾、河口和滨海湿地等重要生态空间，破坏了红树林、珊瑚礁、海草床等典型生态系统，造成生境破碎化加剧，生物多样性锐减，不利于滨海湿地生态功能的保护和发挥。例如，在渤海地区，围海养殖面积达25.4万hm^2，其中2.8万hm^2位于生态红线区内，由此产生了较为严重的生态环境后果。

2. 目前我国围填海管控存在的主要问题

1）严管严控围填海政策法规落实不到位

围填海空置现象普遍存在。经中共中央环境保护督查委员会核查，2002年以来，天津市累计填海面积为278.5km^2，空置面积为192.02km^2，空置率达68.95%；2013~2017年，浙江省填海造地88.2km^2，实际落户项目用海面积为50.82km^2，空置面积为37.38km^2，空置率达42.38%；2012年以来，山东省填海造地113.57km^2，空置率近40%。

2）围填海项目审批不规范、监管不到位

化整为零、分散审批问题突出。天津市共有13个总面积达1548hm^2依法应报国务院审批的围填海建设项目，被拆分为38个单宗面积不超过50hm^2的用海项目，由市政府予以审批；浙江舟山、台州3个用海项目共填海259.7hm^2，被拆分为8个单宗不超过50hm^2的项目，由省政府审批，规避国务院审批。

3）海洋生态环境保护问题突出

天津市8条入海河流中，有7条断面常年处于劣V类水质。广东省提供了548个入海排污口和299个养殖排水口的情况，经督察组排查发现各类陆源入海污染源2839个，大量入海排污口未纳入监管。浙江省环保部门提供了462个入海排污口的情况，经督察组排查发现各类入海污染源1376个。山东省环保部门提供了558个入海污染源的情况，经督察组排查发现各类陆源入海污染源 899 个，仅 153 个纳入监管。上海市提供了 98 个陆源入海污染源，与督察组核查发现的 148 个陆源入海污染源存在差距。

3. 国家出台"史上最严围填海管控措施"

2018 年 7 月，国务院印发了《国务院关于加强滨海湿地保护严格管控围填海的通知》（以下简称《通知》），明确了需要解决的围填海历史遗留问题，转变了"向海索地"的工作思路。

1）严控新增围填海造地

严控新增围填海项目，完善围填海总量管控，取消围填海地方年度指标，地方不再审批新增围填海项目；除国家重大战略项目外，全面停止新增围填海项目审批；新增围填海项目要同步强化生态保护修复，边施工边修复，最大程度地避免降低生态系统服务功能。未经批准或骗取批准的围填海项目，由相关部门严肃查处，责令恢复海域原状，依法从重处罚；原则上不再受理有关省级人民政府提出的涉及辽东湾、渤海湾、莱州湾、胶州湾等生态脆弱敏感、自净能力弱的海域的围填海项目；将新增围填海项目审批与历史遗留问题处理相挂钩。

2）加快处理围填海历史遗留问题

《通知》中明确在全面开展围填海现状调查的基础上，由有关省级人民政府结合围填海专项督查情况，确定本省的围填海历史遗留问题清单，并在 2019 年底按照"生态优先、节约集约、分类施策、积极稳妥"的原则制定处理方案。原则上在完成历史遗留问题处理之前，不再受理该地区提出的新增围填海项目申请。

3）加强海洋生态保护修复

实施海洋生态保护修复是建设美丽中国的重要途径。当前我国滨海湿地大面积减少，对海洋和陆地生态系统造成损害，必须协同推进保护修复。《通知》强调，要对已经划定的海洋生态保护红线实施最严格的保护和监管，对非法占用红线的围填海项目开展全面清理；在全面强化现有沿海各类自然保护区管理的基础上，选划建立一批海洋自然保护区、海洋保护区和湿地公园，将一些亟待保护的重要滨海湿地和重要物种栖息地纳入保护范围，《通知》中明确要求将天津大港湿地、河北黄骅湿地、江苏如东湿地、福建东山湿地、广东大鹏湾湿地纳入保护地范畴；坚持以自然恢复为主、人工修复为辅的方式，加大财政支持力度，开展滨海湿地生态损害鉴定评估、赔偿、修复技术研究，积极推进"蓝色海湾""南红北柳""生态岛礁"等重大生态修复工程建设；支持通过存量退围还海、退养还滩、退耕还湿等方式，逐步恢复已经破坏的滨海湿地。海洋生态修复的优先级顺序如图 2.2 所示。

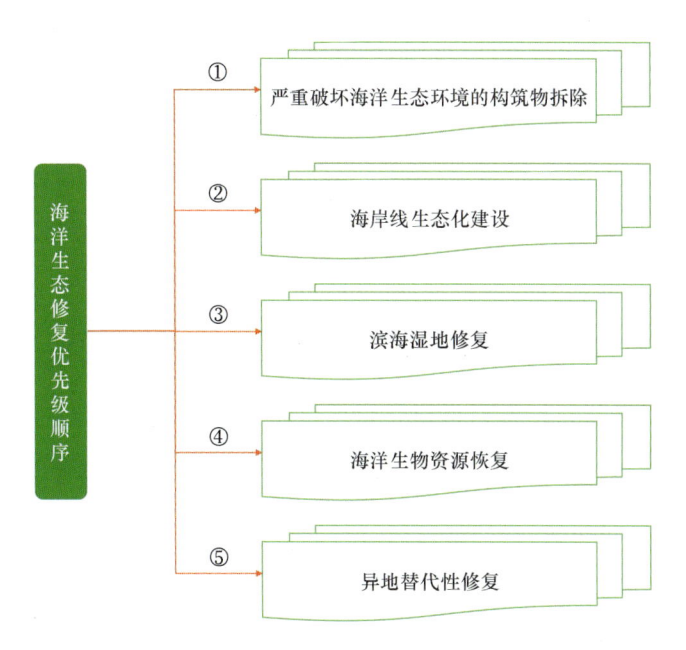

```
海洋生态修复优先级顺序
① 严重破坏海洋生态环境的构筑物拆除
② 海岸线生态化建设
③ 滨海湿地修复
④ 海洋生物资源恢复
⑤ 异地替代性修复
```

图 2.2　海洋生态修复优先级顺序

4）建立滨海湿地保护和围填海管控长效机制

滨海湿地的保护、利用和管理是一项长期工作，也是一个系统工程，必须建立长效机制，形成工作合力。《通知》从健全调查体系、严格用途管制和加强围填海监督检查等方面构建机制。

2018年12月，自然资源部联合国家发展改革委印发了《自然资源部 国家发展改革委关于贯彻落实〈国务院关于加强滨海湿地保护严格管控围填海的通知〉的实施意见》，指出要严控新增围填海，保障国家重大战略项目用海；开展现状调查，加快处理围填海历史遗留问题；提升监管能力，全面落实严控围填海政策。

在地方层面，广东省、浙江省、山东省、福建省、天津市等沿海省（直辖市）相继出台了加强滨海湿地保护严格管控围填海的实施方案，是《通知》在地方的具体行动，对滨海湿地保护和受损湿地生态系统修复起到了决定性作用。

（二）中国生态保护红线和湿地保护制度进一步强化

1. 湿地类型纳入《土地利用现状分类》（GB/T 21010—2017）

长期以来，在《土地利用现状分类》（GB/T 21010—2017）的国家标准中，没有明确的湿地"户口"，沿海滩涂和内陆滩涂等湿地类型被归入"未利用地"类型，给湿地保护与管理造成了混乱和困难。为了促进实现湿地从"抢救性保护"到"全面保护"的转变，落实生态文明体制改革相关要求，2017年11月1日，国家质量监督检验检疫总局（现称国家市场监督管理总局）、国家标准化管理委员会发布由原国土资源部组织修订的《土地利用现状分类》（GB/T 21010—2017），以附录的形式，将14个二级地类归为湿地，首次明确了湿地在国土分类中的地位。

2018年《第三次全国国土调查工作分类》明确设立湿地为一级地类，包括红树林地、森林沼泽、灌丛沼泽、沼泽草地、盐田、沿海滩涂、内陆滩涂、沼泽地等8个二级地类。虽然对个别湿地边界的确定还有不确定性，但按照新的土地分类，每块湿地的具体位置和边界更加明确了，湿地有了正式的"身份"，不再是可以任意占用或破坏的"未利用地"，湿地保护管理的对象更加明晰（表2.2）。

表2.2 《土地利用现状分类》（GB/T 21010—2017）中"湿地"归类表

湿地类型编码	类型名称	含义
0101	水田	指用于种植水稻、莲藕等水生农作物的耕地，包括实行水生、旱生农作物轮种的耕地
0303	红树林地	指沿海生长红树林植物的林地
0304	森林沼泽	以乔木森林植物为优势群落的淡水沼泽
0306	灌丛沼泽	以灌丛植物为优势群落的淡水沼泽
0402	沼泽草地	指以天然草本植物为主的沼泽化的低地草甸、高寒草甸
0603	盐田	指用于生产盐的土地，包括晒盐场所、盐池及附属设施用地
1101	河流水面	指天然形成或人工开挖河流常水位岸线之间的水面，不包括被堤坝拦截后形成的水库区段水面
1102	湖泊水面	指天然形成的积水区常水位岸线所围成的水面
1103	水库水面	指人工拦截汇集而成的总设计库容≥10万 m³ 的水库正常蓄水位岸线所围成的水面
1104	坑塘水面	指人工开挖或天然形成的蓄水量＜10万 m³ 的坑塘常水位岸线所围成的地带
1105	沿海滩涂	指沿海大潮高潮位与低潮位之间的潮浸地带，包括海岛的沿海滩涂，不包括已利用的滩涂
1106	内陆滩涂	指河流、湖泊常水位至洪水位间的滩地，时令湖、河洪水位以下的滩地，水库、坑塘的常水位至洪水位间的滩地，包括海岛的内陆滩地，不包括已利用的滩地
1107	沟渠	指人工修建，南方宽度≥1.0m、北方宽度≥2.0m，用于引、排、灌的渠道，包括渠槽、渠堤、护堤林及小型泵站
1108	沼泽地	指经常积水或渍水，一般生长湿生植物的土地，包括草本沼泽、苔藓沼泽、内陆盐沼等，不包括森林沼泽、灌丛沼泽和沼泽草地

注：摘录自《土地利用现状分类》（GB/T 21010—2017）

2. 中国生态保护红线制度稳步落实

科学划定湿地等领域生态红线，严格自然生态空间征（占）用管理，能够有效遏制生态系统退化趋势，优化国土空间开发格局，理顺滨海湿地保护与利用的关系，改善和提高沿海湿地生态系统服务功能。

2017年2月，中共中央办公厅、国务院办公厅发布了《关于划定并严守生态保护红线的若干意见》，要求在2020年底前，全面完成全国生态保护红线划定，形成生态保护红线全国"一张图"，基本建立生态保护红线制度。2018年2月，国务院批复了北京、天津、江苏、浙江等15个省（自治区、直辖市）的生态保护红线划定方案，天津、江苏和浙江三个沿海省（直辖市）的生态保护红线划定情况如图2.3和图2.4所示。

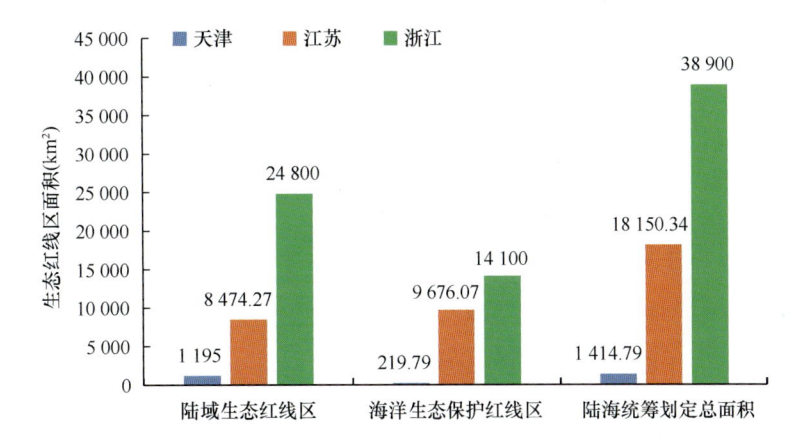

图2.3 已批复的沿海省（直辖市）生态保护红线区面积

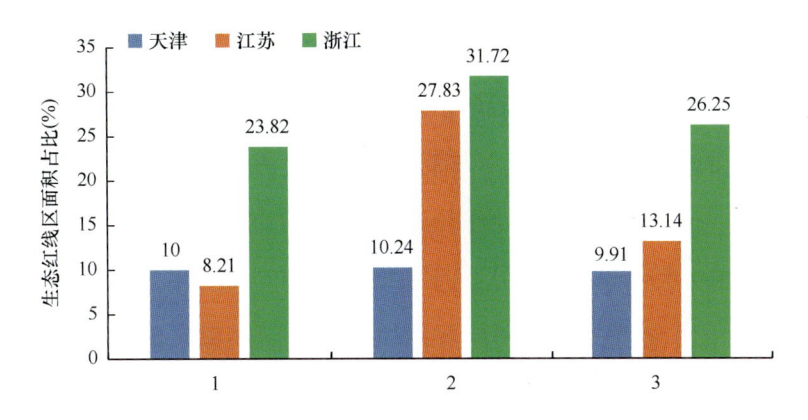

图2.4 已批复的沿海省（直辖市）生态保护红线区面积占比

1. 陆域生态红线区占陆域国土面积的比例；2. 海洋生态保护红线区占管辖海域面积的比例；
3. 生态红线区（陆域、海域总和）占陆域和海域总面积的比例

3. 自然资源确权工作成绩显著

截至 2018 年 10 月底，自然资源统一确权登记试点工作开展一年多以来，全国 12 个省（自治区、直辖市）、32 个试点区域共划定自然资源登记单元 1191 个，确权登记总面积为 186 727km²，并重点探索了国家公园、湿地、水流、探明储量的矿产资源等的确权登记试点。从 2018 年底开始，自然资源部在全国全面铺开、分阶段推进重点区域自然资源确权登记，计划利用 5 年时间完成对国家和各省（自治区、直辖市）重点建设的国家公园、自然保护区、各类自然公园（风景名胜区、湿地公园、自然遗产、地质公园等）等自然保护地的自然资源统一确权登记工作。

2017 年 12 月，浙江省全面推开省、市两级编制自然资源资产负债表工作。2018 年 9 月宁波市北仑区编制完成了《宁波市北仑区自然资源资产负债表》，探索开展了海洋资源资产负债表的编制，建立了海洋资源资产实物量账户编制技术方法，相继完成了海域资源、海水质量、海岸线、海岸带资源等数据的存量表及变动表，开展了湿地和海岸带生态系统的价值核算。

2019 年 7 月自然资源部、财政部、生态环境部、水利部、国家林业和草原局联合印发了《自然资源统一确权登记暂行办法》，要求对水流、森林、山岭、草原、荒地、滩涂、海域、无居民海岛及探明储量的矿产资源等自然资源的所有权和所有自然生态空间统一进行确权登记，滨海湿地逐步被纳入统一的国土空间开发保护规划中。

（三）中国黄（渤）海候鸟栖息地（第一期）入选世界自然遗产

黄渤海区域拥有世界上最大的连片泥沙滩涂，是亚洲最大、最重要的潮间带湿地所在地，也是东亚 - 澳大利西亚候鸟迁徙路线（EAAF）上水鸟的重要中转站。盐城拥有太平洋西岸和亚洲大陆边缘面积最大、生态保护最好的海岸型湿地，包括陆地生态系统、淡水生态系统和海岸带及海洋生态系统动植物群落，为 23 种具有国际重要性的鸟类提供栖息地，为数以万计的迁徙鸟类提供了丰富的食物资源，是勺嘴鹬、丹顶鹤等珍稀濒危候鸟保护不可替代的自然栖息地，支撑了 17 种《世界自然保护联盟（IUCN）濒危物种红色名录》中物种的生存，包括 1 种极危物种、5 种濒危物种和 5 种易危物种，具有全球突出的普遍价值。

2019 年 7 月 5 日，在第 43 届世界遗产大会上，位于江苏省盐城的中国黄（渤）海候鸟栖息地（第一期）被联合国教科文组织列入《世界遗产名录》。盐城市候鸟栖息地成为江苏省首项世界自然遗产。盐城候鸟栖息地申遗成功是中国的世界自然遗产从陆地走向海洋的开端（图 2.5）。

图 2.5　中国黄（渤）海候鸟栖息地（盐城）世界遗产地（来源：盐城广播电视中心）

中国黄（渤）海候鸟栖息地（第一期）包括两个遗产点，分别是江苏大丰麋鹿国家级自然保护区和江苏盐城湿地珍禽国家级自然保护区的南段及东沙实验区（含354.69km^{2}的条子泥地区）（YS-1）、江苏盐城珍禽国家级自然保护区中段（YS-2），遗产地核心区面积为1886.43km^2，缓冲区面积为800.56km^2，总面积为2686.99km^2。遗产地第一期包含5个保护区：江苏大丰麋鹿国家级自然保护区、江苏盐城湿地珍禽国家级自然保护区、江苏盐城条子泥市级自然保护区、江苏东台高泥湿地保护地块及江苏东台条子泥湿地保护地块（图2.6）。

条子泥区域曾是江苏省沿海开发重点项目。2012年初，被称为"江苏第一围"的条子泥匡围工程启动。按照规划，作为以江苏省为主实施的百万亩滩涂综合开发实验区首期工程，条子泥匡围后主要用于海水、淡水无公害生态养殖。与此同时，条子泥区域在湿地生态中的作用也越来越受到关注，将其作为候鸟栖息地保护区的呼声也越来越高。2018年，盐城市扩大了黄海湿地保护范围，将条子泥区域纳入遗产提名范围，停止条子泥区域的围垦和开发。2019年2月，盐城市政府正式发出通知，决定在条子泥建立市级湿地公园，设立保育区、恢复重建区和合理利用区。

黄（渤）海候鸟栖息地申遗成功，是践行习近平生态文明思想，贯彻绿色发展理念的现实生动体现，为经济发达、人口稠密的东部沿海地区自然遗产的保护与合理利用提供了创新典范。

图 2.6 中国黄（渤）海候鸟栖息地（第一期）世界遗产地位置（采用世界遗产中心数据，徐莉 制图）

（四）生态环境部、国家发展改革委和自然资源部联合印发了《渤海综合治理攻坚战行动计划》

1. 渤海生态环境现状严峻

1）陆源污染大幅增加

渤海80%以上的污染为陆源，80%以上的陆源污染来自河流入海排放。2017年渤海47个监测断面中，劣Ⅴ类断面占44.7%，数量居中国四大海区之首，在150个监测的入海河流断面中，2017年总氮年均浓度排名前20的河流，渤海海区就占了9条。

2）空间资源大量占用

2002~2018年，渤海沿岸填海和围海总面积为2413km²，占渤海总面积的3.1%。填海总面积约为1225km²，其中，辽宁省330km²、河北省368km²、天津市342km²、山东省185km²。围海（围海养殖、盐田）总面积约为1188km²，其中，辽宁省565km²、河北省178km²、天津市

28km²、山东省417km²。大规模的围填海使自然岸线资源严重衰退。

3）典型生态系统严重退化

缺乏合理规划的大规模围填海活动使滨海湿地、河口、海湾、海岸带等重要生态系统面积萎缩，生态系统结构趋于单一，生物多样性降低。近40年来，渤海滨海湿地面积减少了66%，截至2017年，渤海海域围海养殖面积25.4万hm²中有2.8万hm²位于生态红线区内。渤海的典型生态系统"三口三湾"（双台子河口、滦河口—北戴河口、黄河口、锦州湾、莱州湾、渤海湾）自2008年以来均处于亚健康或不健康状态。

2.《渤海综合治理攻坚战行动计划》

2018年11月30日，生态环境部、国家发展改革委和自然资源部联合印发了《渤海综合治理攻坚战行动计划》，明确了渤海综合治理工作的总体要求、范围与目标、重点任务和保障措施，提出了打好渤海综合治理攻坚战的时间表和路线图。

1）主要目标

通过3年综合治理，大幅降低陆源污染物入海量，明显减少入海河流劣V类水体；实现工业直排海污染源稳定达标排放；完成非法和设置不合理的入海排污口的清理工作；构建和完善港口、船舶、养殖活动及垃圾污染防治体系；实施最严格的围填海管控，持续改善海岸带生态功能，逐步恢复渔业资源；加强和提升环境风险监测预警和应急处置能力。到2020年，渤海近岸海域水质优良（Ⅰ类、Ⅱ类水质）比例达73%左右。

2）四大攻坚行动

（1）陆源污染治理行动：针对国控入海河流实施河流污染治理，并推动其他入海河流污染治理；通过开展入海排污口溯源排查，实现工业直排海污染源稳定达标排放，并完成非法和设置不合理的入海排污口的清理；推进"散乱污"清理整治、农业农村污染防治、城市生活污染防治等工作；通过陆源污染综合治理，降低陆源污染物入海量。

（2）海域污染治理行动：实施海水养殖污染治理，清理非法海水养殖；实施船舶和港口污染治理，严格执行《船舶水污染物排放控制标准》，推进港口建设船舶污染物接收、处置设施，做好船、港、城设施衔接，开展渔港环境综合整治；全面实施湾长制。

（3）生态保护修复行动：实施海岸带生态保护，划定并严守渤海海域生态保护红线（专栏2.4），确保红线区在三省一市管理海域面积中的占比达标，达37%左右，实施最严格的围填海和岸线开发控制，强化自然保护地选划和滨海湿地保护；实施生态恢复与修复，加强河口海湾综合整治修复、岸线岸滩综合治理修复；实施海洋资源养护，逐步恢复渤海渔业资源。

（4）环境风险防范行动：实施陆源突发环境事件风险防范，开展环渤海区域突发环境事件风险评估工作；开展海上溢油风险防范工作，完成海上石油平台、油气管线、陆域终端等风险专项检查；在海洋生态灾害高发海域、重点海水浴场、滨海旅游区等区域，建立海洋赤潮（绿潮）灾害监测、预警、应急处置及信息发布体系。

2019年1月17日，生态环境部、国家发展改革委、自然资源部、交通运输部和农业农村部联合印发了《关于实施<渤海综合治理攻坚战行动计划>有关事项的通知》，通知指出，2020年前渤海滨海湿地整治修复规模不低于6900hm²。其中，辽宁省（渤海段）、河北省、天津市、山东省（渤海段）整治修复规模分别不低于1900hm²、800hm²、400hm²、3800hm²。

专栏2.4 渤海生态保护修复典型案例

滨海湿地修复：2015~2017年，辽宁省盘锦辽河口湿地通过养殖池清淤平整生态修复工程、碱蓬种植工程和沙蚕放流工程的实施，将回收的养殖滩涂恢复为原生滨海湿地，并疏通淤积的潮沟水道，恢复滩涂水系，改善河口生态环境。黄河三角洲充分利用现有水利工程，新建引水工程，以自流引水与提水补水相结合的方法，补充保护区内的淡水资源，促进湿地生态恢复（图2.7）。

图2.7 黄河三角洲湿地（贾亦飞 摄）

自然岸线修复：山东荣成月湖沙坝——潟湖海岸生态修复示范工程，主要采用了生态清淤治理、残坝拆除、离岸潜堤、人工补沙等措施，不仅恢复了潟湖海岸的自然生态系统，维护了月湖生物多样性，也增加了栖息越冬的大天鹅的数量，促进了当地旅游产业的发展。辽宁团山国家海洋公园通过实施海岸侵蚀防护、生态景观廊道和亲水岸线建设等措施对岸线进行了生态整治修复。

海岛生境修复：以山东长岛生态修复为例，主要通过退养还滩、构筑物拆除、山体绿化等措施，恢复自然的山海一体化景观，提升海岛生态功能（图2.8）。据统计，截至2018年，长岛共恢复自然岸线16.7km，修复岸滩约2400hm^2。

图2.8 长岛自然岸线修复（张广帅 摄）

生物资源修复：2018年辽宁省共计放流中国对虾仔虾20.5亿尾，其中体长10mm以上中国对虾仔虾19.27亿尾。依据《山东省人工鱼礁建设规划（2014—2020年）》，规划建设九大人工鱼礁带，40个人工鱼礁群，其中布局在渤海海域的有东营近海1个、莱州湾4个、渤海海峡9个。

（五）中共中央环境保护督查委员会和"绿盾2018"自然保护区监督检查专项行动取得阶段性成果

2017年底，第一轮中央环保督察完成全国31个省（自治区、直辖市）的督察全覆盖。2018年10月29日，第二轮中央生态环境保护督察"回头看"行动全面启动，围填海被纳入中央环保督察范畴。2019年7月，第二轮第一批中央生态环境保护督察全面启动。

天津七里海保护区处于东亚-澳大利西亚候鸟迁徙路线上，在保护古海岸方面有重要价值，也是重要的候鸟栖息地。2017年4月28日至5月28日，在对天津的环保督察中发现，天津市一些部门和地区环保责任不落实，宁河区在七里海湿地核心区和缓冲区违法建设湿地公园，将保护区核心区条块分割，游乐场、小木屋、观景廊道等设施改变了保护区原有的自然景观，天津市海洋部门多次违规批准游客进入保护区核心区，在七里海国家湿地公园的东侧至东海边界的核心区，400hm^{2}芦苇荡然无存。

广东湛江红树林国家级自然保护区既是留鸟的栖息、繁殖地，又是候鸟的"加油站"、停留地，是东亚-澳大利西亚候鸟迁徙路线上的重要停歇地和觅食地。2017年4月13日，中央环保督察组反馈广东省情况时指出，广东湛江红树林国家级自然保护区存在规划边界与实际管控边界不一致的问题，历史遗留的4800hm^{2}养殖塘还没有清退，存在着局部侵占或破坏红树林的现象。之后，湛江市编制、印发实施了《广东湛江红树林国家级自然保护区4800公顷养殖塘清退方案》，共投入2699.8万元完成年度养殖塘清退与共管任务。截至2019年8月底，湛江已异地增补红树林核心区714.7hm^2，并完成岭头岛红树林核心区410.53hm^{2}养殖塘的清退工作，拆除了养殖设施，破开养殖塘水闸，全面恢复自然纳潮。对于实验区内1523.5hm^{2}养殖塘，与养殖户签订共管协议，给予生态补偿，当地村民共治、共建、共享红树林生态系统。

海南三亚珊瑚礁国家级自然保护区是我国第一个国家级海洋生态类型的珊瑚礁保护区，是玳瑁、绿海龟和中华鲎等濒危动物的重要栖息生境，是中国热带海洋生态系统中最重要的区域之一（图2.9）。2017年8月10日至9月10日，中央环保督察组在海南督察时发现，海南省一些沿海县（市）向海要地、向岸要房情况严重，滨海湿地和近岸海域被房地产"绑架"，三亚市亚龙湾瑞吉度假酒店配套游艇码头工程项目中有10.2hm^{2}位于三亚珊瑚礁国家级自然保护区实验区，填海造地给生态造成了无法弥补的损失，珊瑚礁萎缩，白蝶贝自然保护区内的贝类受损，近海物种衰退。

图 2.9　珊瑚礁（周佳俊 摄）

"绿盾 2018"专项行动是国务院机构改革方案出台后，新组建的生态环境部等七部门联合开展的一个重要专项行动，具体内容包括：开展"绿盾 2017"专项行动问题整改"回头看"；坚决查处自然保护区内新增违法违规问题，重点检查国家级自然保护区管理责任落实不到位的问题；严格督办自然保护区问题排查整治工作等。"绿盾 2018"在开展"绿盾 2017"专项行动的基础上，进一步突出问题导向，全面排查全国 469 个国家级自然保护区和 847 个省级自然保护区存在的突出环境问题，坚决制止和惩处破坏自然保护区生态环境的违法违规行为，严肃追责问责，落实管理责任，充分发挥震慑、警示和教育作用。

"绿盾 2018"专项行动第四巡查组在江苏省巡查发现，海安市（原海安县）违规撤销了海安沿海防护林和滩涂县级自然保护区。该保护区于 2001 年由原海安县批准设立，总面积为 9113hm^2，主要保护对象为沿海湿地及条斑紫菜、文蛤、泥螺等物种。

（六）"蓝色海湾"整治行动取得阶段性成效，中央首提海上环卫制度

近年来，我国海洋生态环境形势严峻，陆源污染严重，近海富营养化加剧，赤潮、绿潮等

海洋生态灾害频发，滨海湿地面积缩减，海水自然净化及修复能力不断下降，自然岸线减少，海岛岛体受损以及生态系统受到威胁。通过推进实施"蓝色海湾"整治工程、"南红北柳"生态工程和"生态岛礁"修复工程，国家支持沿海各地累计修复岸线超过190km，修复海岸带面积6500hm^2，修复沙滩面积1200hm^2，修复滨海湿地面积2000hm^2，建立了海洋生态红线制度，将全国30%以上的管理海域和35%以上的大陆岸线纳入红线管控范围。

1)"蓝色海湾"整治行动

"蓝色海湾"整治行动的目标是：开展"蓝色海湾"整治行动的城市，促进近海水质稳中趋好，受损岸线、海湾得到修复，滨海湿地面积不断增加，围填海规模得到有效控制；在具有重要生态价值的海岛实施生态修复，促进有居民海岛生态系统的保护，逐步实现"水清、岸绿、滩净、湾美、岛丽"的海洋生态文明建设目标。

主要措施包括：重点海湾综合治理（岸线整治修复、"南红北柳"滨海湿地植被种植和恢复、近岸构筑物清理与清淤疏浚整治、海洋生态环境监测能力建设）和生态岛礁建设（自然生态系统保育保全、珍稀濒危和特有物种及生境保护、生态旅游和宜居海岛建设、权益岛礁保护、生态景观保护等，并同步开展海岛监测站点建设和生态环境本底调查）。

"蓝色海湾"整治行动取得了阶段性成效。通过实施"蓝色海湾"综合整治，山东修复岸线总长度19.56km，修复湿地528 353hm^2，恢复沙滩面积6655hm^2，形成生态缓冲区及公共服务区总面积2808hm^2，退堤（池）还海41 487hm^2，增加绿地面积8500hm^2，建设海洋生态环境监测站1处。

2)海上环卫制度

2019年5月12日，由中共中央办公厅、国务院办公厅印发的《国家生态文明试验区（海南）实施方案》提出"加快建立'海上环卫'制度"，中央顶层设计首次提出建立海上环卫制度。

厦门市于2017年在《厦门市环境保护"十三五规划"》中提到要完善海上环卫机制，加快推进环卫码头选址建设，逐步扩大海上保洁范围，加大沙滩保洁力度，减少海漂垃圾。

澄迈县于2018年在《澄迈县"湾长制"工作方案（2018—2020年）》中明确要制定《澄迈县海上环卫制度》，严格落实海上环卫机制，打造清洁岸滩海面。

天津市于2018年在《天津市打好渤海综合治理攻坚战三年作战计划（2018—2020年》中确定要建立"海上环卫"制度，按照陆海统筹、河海共治原则，针对主要入海河流和近岸海域，开展海洋垃圾综合治理。

大连市于2019年在《大连海洋环境保护条例》（草案）中提出城市管理主管部门可以通过购买服务的方式，建立海上环卫工作机制，定期打捞、处理处置海洋垃圾和废弃物。

（七）全球环境基金助力沿海湿地保护

近年来全球环境基金（GEF）在中国开展实施了"中国湿地多样性保护与可持续利用""加强中国东南沿海海洋保护地管理，保护具有全球重要意义的沿海生物多样性"等湿地保护体系建设项目，旨在通过提高湿地保护管理能力、改善省级立法和监管体系、建立生物多样性和生态系统指标监测体系、扩大公众和社会组织参与力度，提高整个湿地保护系统的管理有效性和可持续性，建立一个强有力的全国性湿地保护管理体系。与沿海湿地相关的全球环境基金生物多样性重点领域战略见表2.3。

表2.3 全球环境基金生物多样性重点领域战略（与沿海湿地相关部分）

重点领域目标	规划	预期结果与指标
改善保护地系统的可持续性	提高国家生态基础设施财务的可持续性和有效管理	结果1. 为保护地体系和全球重要的保护地增加收入，以满足管理所需的总支出 指标1. 管理保护地系统和全球重要的保护地的资金缺口 结果2. 提高保护地管理有效性 指标2. 保护地管理有效性评分
	自然的最后防线：扩大全球保护地面积	结果1. 在新保护地，具有全球意义的陆地和海洋生态系统的面积有所增加；在新保护地，受保护的、具有全球意义的受威胁物种有所增加 指标1. 陆地和海洋生态系统的面积和受威胁物种的数量 结果2. 改善新保护地管理的有效性 指标2. 保护区管理有效性得分
可持续地利用生物多样性	从脊至礁+：保持珊瑚礁生态系统的完整性和功能	结果1. 珊瑚礁生态系统的完整性和功能得以保持，面积有所增加 指标1. 能够保持或增加完整性和功能的珊瑚礁生态系统的面积，通过海洋保护区内外的珊瑚物种数量和丰富程度来加以衡量
在生产区域、海洋和生产部门中，使生物多样性的保护和可持续利用主流化	管理人类-生物多样性界面层	结果1. 能把生物多样性的保护和可持续利用整合到管理中的生产区域和海洋面积有所增加 指标1. 以生物多样性为考量的国家或国际第三方的认证[如海洋管理委员会（MSC）]，或者其他客观数据的支持，更好地证明了生产区域和海洋能够把生物多样性的保护和可持续利用整合到其管理中 结果2. 机构政策和监管框架考虑到了生物多样性 指标2. 机构政策和监管框架对生物多样性的考量程度，以及实施规定的程度
	将生物多样性和生态系统服务整合到开发和财务规划中	结果1. 生物多样性的价值和生态系统服务的价值被纳入会计系统，并被融入发展和财政政策、土地利用规划和决策中 指标1. 生物多样性的价值和生态系统服务的价值融入发展和财政政策、土地利用规划和决策的程度

全球环境基金（GEF）项目对中国沿海湿地的保护策略主要体现在生物多样性和国际水域两个领域。在生物多样性领域，GEF的全球环境效益目标是保护具全球重要意义的生物多样性，可持续利用具全球重要意义的生物多样性组成部分，以及公平、平等分享遗传资源利用的惠益；在国际水域领域，GEF的全球环境效益目标是多国合作以减少国际水域面临的威胁，减少国际水域富营养化和其他陆基压力造成的污染负荷，恢复并维持淡水、海岸和海洋生态系统产品与服务，以及通过促进多国合作以平衡各行业地表和地下水的利用、减少面临气候多变性和与气候相关风险时的脆弱性、增加生态系统韧性。

在中国，全球环境基金通过整合海洋景观规划和管控威胁，扩大海洋保护地网络和加强海洋保护地运行，保护具全球重要意义的中国沿海生物多样性，其中2017~2019年正在实施的最有代表性和成果显著的项目有GEF海南湿地保护体系项目、增强中国东亚-澳大利西亚候鸟迁徙路线（EAAF）保护区网络建设项目、黄海大海洋生态系统（YSLME）二期项目和"加强中国东南沿海保护地管理以保护具有全球意义的生物多样性"项目。其中，GEF海南保护地体系项目及成效见本报告第五章，推动东亚-澳大利西亚候鸟迁徙路线（EAAF）迁徙水鸟保护项目的示范点见专栏2.5，黄海大海洋生态系统（YSLME）二期项目见专栏2.6，加强中国东南沿海海洋保护地管理项目所保护的旗舰物种——中华白海豚见专栏2.7。

专栏2.5　GEF增强中国东亚-澳大利西亚候鸟迁徙路线（EAAF）保护区网络建设项目的示范点

东亚-澳大利西亚候鸟迁徙路线（EAAF）是具有全球重要意义的迁徙路线，中国是该迁徙路线上一个重要组成部分（图2.10）。在全球所有迁徙路线中，东亚-澳大利西亚候鸟迁徙路线中受威胁物种比例最高，其中有33种水鸟被世界自然保护联盟（IUCN）列为受胁物种。水鸟种群数量以每年5%~9%的惊人速度下降。极危物种勺嘴鹬每年的下降速度高达26%。

1）辽宁辽河口国家级自然保护区

由辽河、大凌河、小凌河等诸多河流冲积而成，总面积为8万hm²；湿地类型以芦苇沼泽、河流水域和浅海滩涂、海域为主，是一个以保护丹顶鹤、黑嘴鸥等珍稀水禽及滨海湿地生态系统为主的自然保护区。1988年晋升为国家级自然保护区，2004年列为国际重要湿地。

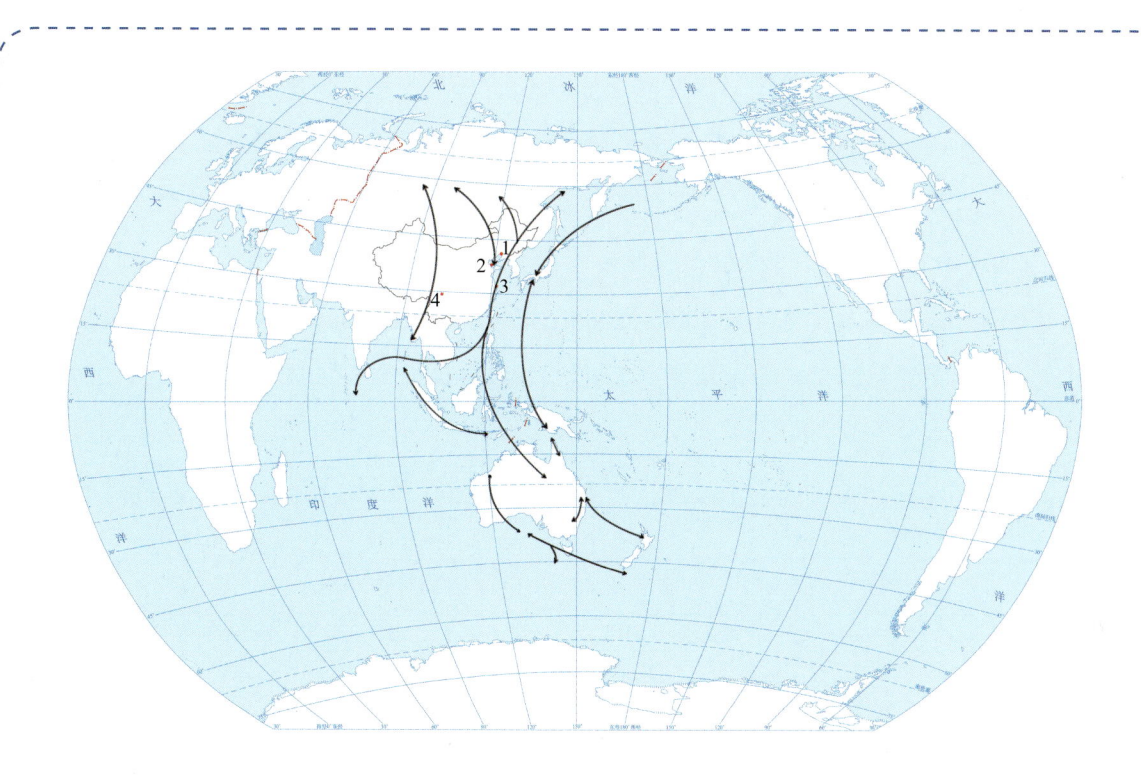

图 2.10 东亚-澳大利西亚候鸟迁徙路线（EAAF）与 GEF 项目示范点分布（夏少霞 制图）
1. 辽宁辽河口国家级自然保护区；2. 山东黄河三角洲国家级自然保护区；3. 上海崇明东滩鸟类国家级自然保护区；
4. 云南大山包黑颈鹤国家级自然保护区

辽河口湿地是多种鹤类和鹳类南北迁徙的重要停歇地和取食地，丹顶鹤最大迁徙种群有 806 只、白鹤有 425 只、东方白鹳有 1000 余只，这里是世界上最大的黑嘴鸥繁殖地，分布有黑嘴鸥 12 000 余只，其繁殖种群有 10 000 余只。

2）山东黄河三角洲国家级自然保护区

保护区地处渤海之滨，东营市内，新、老黄河入海口两侧，是以保护新生湿地生态系统和珍稀濒危鸟类为主的湿地类型自然保护区，总面积为 15.3 万 hm^2。1992 年晋升为国家级自然保护区，2013 年列为国际重要湿地。

黄河三角洲湿地有鸟类 368 种，其中国家一级保护鸟类 12 种、国家二级保护鸟类 51 种，是东方白鹳之乡和黑嘴鸥之乡。

3）上海崇明东滩鸟类国家级自然保护区

保护区位于低位冲积岛屿——崇明岛东端崇明东滩的核心部分，面积为 3.26 万 hm^2，主要保护对象为迁徙水鸟、珍稀鸟类及其栖息地。2005 年晋升为国家级自然保护区，2002 年列为国际重要湿地。

崇明东滩湿地有鸟类290种，其中国家一级保护鸟类5种、国家二级保护鸟类35种，有22种鸟类列入《中国濒危动物红皮书》。这里是亚太地区春秋季节候鸟迁徙极好的停歇地和驿站，也是候鸟的重要越冬地，是世界为数不多的野生鸟类集居、栖息地之一。

4）云南大山包黑颈鹤国家级自然保护区

保护区位于云贵高原，海拔为3000~3200m，面积为1.92万hm^2，主要保护对象是黑颈鹤及其越冬地的高原沼泽湿地和湖泊生态系统。2003年晋升为国家级自然保护区，2004年列为国际重要湿地。

大山包黑颈鹤保护区有鸟类166种，其中，约有1200只黑颈鹤，占全球黑颈鹤越冬种群的10%。

专栏2.6　GEF黄海大海洋生态系统二期项目

黄海大海洋生态系统主要位于沿岸近海，是全球初级生产力最高的区域，渔获量占全球产量的80%，人类利用强度大，受外来干扰重，是海洋治理的主要关切范围和对象。目前全球有22个大海洋生态系得到全球环境基金（GEF）的资助，配套资金投资总额超过60亿美元，共有110个国家参与。中国加入的区域海洋治理项目和机制有黄海大海洋生态系统（YSLME）、中国南海、东亚海环境管理伙伴关系组织（PEMSEA）、东亚海协作体（COBSEA）和西北太平洋行动计划（NOWPAP）。

近年来，黄海大海洋生态系统的水鸟尤其是濒危物种种群数量在不断下降，人为对濒危水鸟栖息地的破坏，导致这片区域生态系统提供的支持服务越来越少，作为濒危水鸟的补充生境近岸养殖鱼塘由于近岸渔民不合理的渔业养殖模式导致人和濒危水鸟之间的冲突加剧。GEF黄海大海洋生态系统项目的空间范围如图2.11所示。

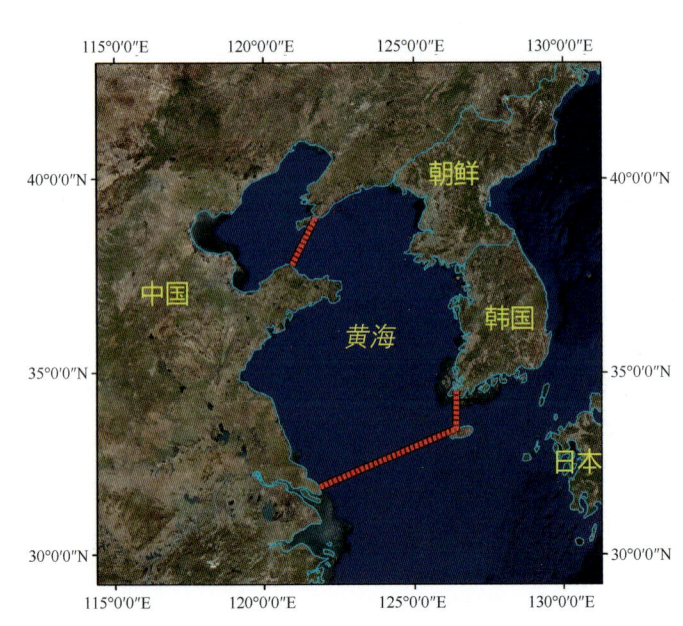

图2.11　GEF黄海大海洋生态系统区域图

专栏 2.7　中华白海豚——GEF 海洋保护地体系项目的旗舰物种

中华白海豚通常生活在河口和近岸海域深度不超过 20m 的水域中，位于当地食物链的顶端，是沿海生态系统的旗舰物种（图 2.12）。该物种分布于西太平洋和东印度洋沿岸海域，包括我国东南沿海，东南亚国家沿海一直到印度洋的孟加拉湾均有分布。其全球种群数量估计不超过 10 000 头，其中生活在我国海域的个体为 4500~5000 头。由于中华白海豚是近岸型分布的物种，其分布区也是人类活动强度较高的水域，人类活动（如涉海工程、酷渔滥捕、繁忙航运及水下噪声等）容易对中华白海豚及其栖息地造成影响。该物种于 2017 年被世界自然保护联盟（IUCN）从近危物种升级为易危物种；在中国内地，中华白海豚被列为国家一级重点保护动物；在中国香港，中华白海豚受到《野生动物保护条例》和《濒危动植物条例》的保护。

图 2.12　中华白海豚（王先艳 摄）

（八）民间环保组织促进濒危生物及栖息地保护

"任鸟飞"项目是守护中国最濒危水鸟及其栖息地的一个综合性生态保护项目。该项目将在十年间（2016~2026 年），以超过 100 个亟待保护的湿地和 24 种珍稀濒危水鸟为优先保护对象，通过民间机构发起、企业投入、社会公众参与的"社会化参与"模式积极开展湿地保护工作，搭建与官方自然保护体系互补的民间保护网络，建立保护示范基地，进而撬动政府、社会的相关投入，共同守护中国最濒危水鸟及其栖息地。2019 年"任鸟飞"民间保护网络资助的湿地保护地块分布如图 2.13 所示。

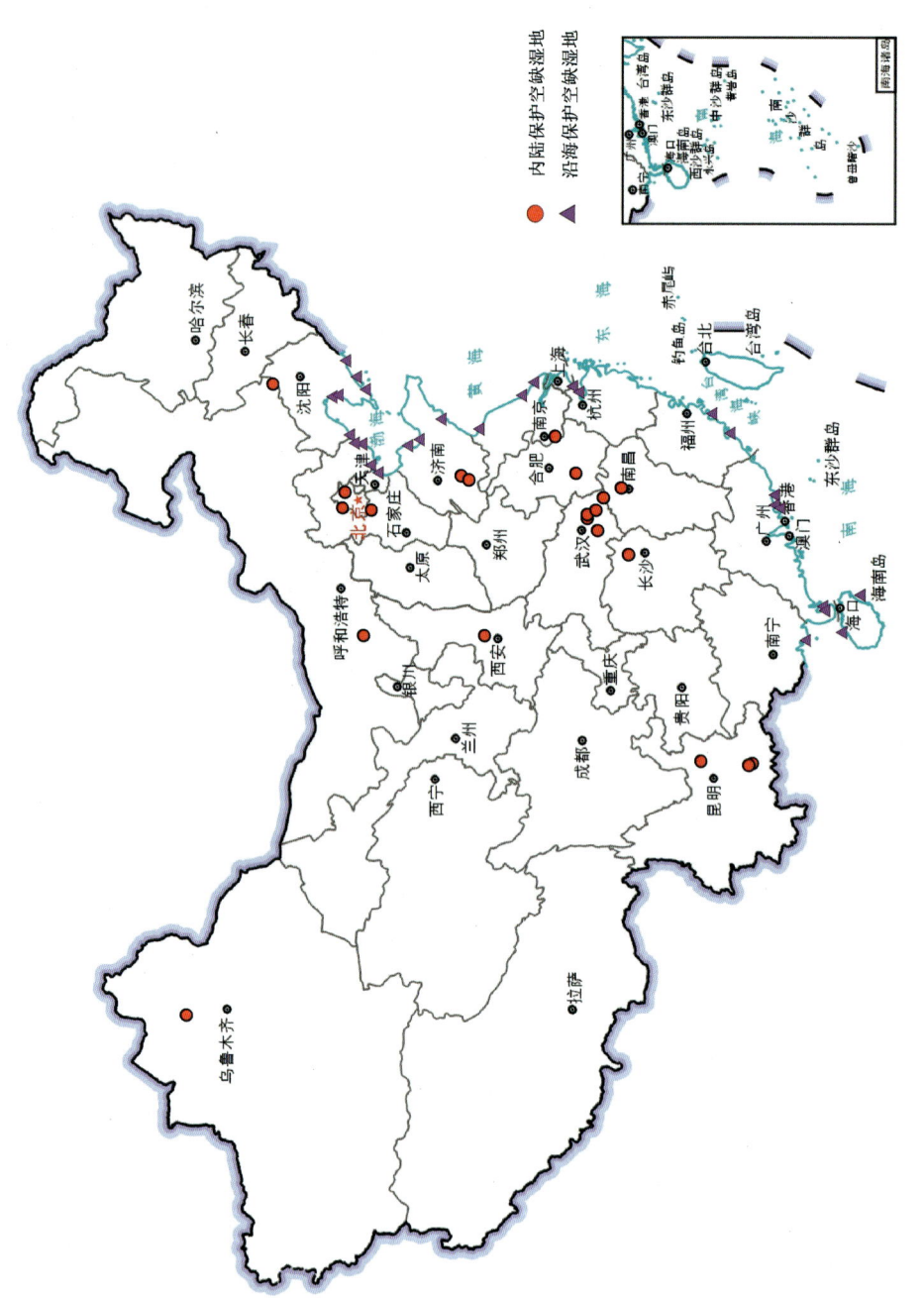

图 2.13 2019 年"任鸟飞"民间保护网络资助的湿地保护地块分布示意图（闫吉顺、张广帅 制图）

2017年6月至2019年9月，"任鸟飞"民间保护网络资助了62家机构、守护了86个重要湿地。"任鸟飞"民间保护网络伙伴累计开展湿地巡护和鸟调3580多次，保护了约3400km^{2}的鸟类栖息地；提交鸟类调查记录近9.1万条，共记录到601种鸟，其中水鸟158种；提交盗猎、污染和开发建设等威胁记录1200多条；开展自然教育515次，累计覆盖超过11万人次。

1. 保护示范基地建设

2018年，"任鸟飞"项目与华北项目中心合作实施华北任鸟飞项目，针对天津北大港湿地、天津滨海湿地、河北滦南湿地三个关键区域，开展"渤海湾候鸟的关键栖息地保护恢复"。2018年，华北任鸟飞项目开展了64次渤海湾湿地水鸟多样性调查，记录鸟类174种。专项监测了遗鸥等5种代表性迁徙鸟类的迁徙规律，对迁徙路线展开监测并进行繁殖研究。经过与天津北大港湿地管理中心商议与协调，改造并恢复了适宜水鸟的栖息地。华北项目中心还与曹妃甸湿地管理处签订项目合作协议，展开湿地水位调控实验。建设了阿拉善SEE华北地区公众生态教育示范基地，并组织阿拉善SEE会员、国内外志愿者、学者参与湿地巡护与鸟类多样性调查及研究。

"任鸟飞"与华东项目中心合作实施华东自然教育基地示范项目。上海崇明东滩鸟类国家级自然保护区与阿拉善SEE基金会签订备忘录，就自然教育基地和平台建设开展了深入合作，成为环保组织与国家级自然保护区的一次重要联动。2018年6月，阿拉善SEE崇明自然教育基地在上海市崇明东滩正式挂牌成立，主要开展生态教育、科普宣传及社区生态文明建设活动，希望通过三年左右时间，建设成为公众了解自然、湿地保护的窗口和自然教育的交流平台。

2. 濒危水鸟调查研究

2019年3月初，开展了遗鸥黄渤海区域越冬地的同步调查，调查共涉及15个地块，共计15家单位参加。调查区域包括辽宁、河北、天津和山东4个省（直辖市），北起辽宁鸭绿江口，南至山东胶州湾，南北跨度约550km，东西跨度约580km，海岸线长约3300km。共记录到遗鸥数量16 614只。

"任鸟飞"项目资助了青头潜鸭保护与生物生态学研究项目，主要在三个确认的青头潜鸭繁殖地开展科学研究与监测工作，包括河北衡水湖湿地、河南民权湿地、武汉府河湿地。该项目对青头潜鸭繁殖习性进行了进一步研究，并积极推动河南民权国家湿地公园加入"东亚-澳大利西亚迁飞区伙伴关系（EAAFP）"保护区网络（图2.14）。

图2.14 EAAFP成员国大会期间青头潜鸭保护工作组会议（EAAFP青头潜鸭工作组 供图）

3. 社会组织参与湿地管理模式探索

"任鸟飞"与国家林业和草原局湿地管理司签订了合作备忘录，将在未来5年，面向湿地公园工作为湿地保护一线人员提供能力建设培训，以及探索社会组织参与湿地开发利用的监督管理，通过与湿地主管部门的合作，希望打通民间公益环保组织与政策制定的衔接链，形成沟通畅通、合作亲密的湿地保护网络。

（九）《中国国际重要湿地生态状况白皮书》于2019年世界湿地日发布

2019年世界湿地日，国家林业和草原局首次发布了《中国国际重要湿地生态状况白皮书》，为我国国际重要湿地保护管理和履行《湿地公约》等工作提供了科学依据。目前我国列入《国际重要湿地名录》的湿地有57处，面积为694万 hm^2，其中内地56处、香港1处。这次国际重要湿地生态状况调查范围为内地的56处国际重要湿地，湿地面积为320.18万 hm^2，湿地面积占内地国际重要湿地面积的48.34%。其中自然湿地面积为300.10万 hm^2，占湿地面积的93.73%；人工湿地面积为20.08万 hm^2，占湿地面积的6.27%。按照分类统计，56处国际重要湿地中，近海与海岸湿地为15处，面积为29.14万 hm^2，占9.10%，内陆湿地为41处，面积为291.04万 hm^2，占90.90%（图2.15）。

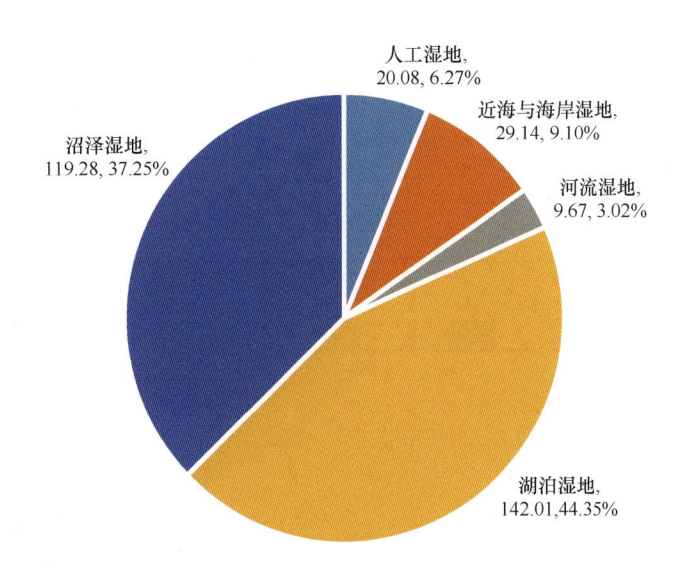

图 2.15　中国国际重要湿地的分类面积（单位：万 hm^2）

监测和评估显示，2014~2017 年，大部分国际重要湿地所在区域降水量保持稳定，辽宁双台子河口、山东黄河三角洲、上海崇明东滩、江苏盐城、广西山口红树林、福建漳江口红树林、海南东寨港等湿地位于近海河口水域，除山东黄河三角洲湿地需要从黄河补充淡水外，其他滨海湿地的河流汇水和海水顶托总体保持稳定。

通过实施生态保护和修复工程，山东黄河三角洲、江苏盐城的湿地生态状况明显好转。在 51 处获取地表水水质数据的湿地中，Ⅲ类水比例最大，占 35.30%。在 49 处获取水体富营养化数据的湿地中，贫营养的 12 处、中营养的 27 处、富营养的 10 处，没有极端富营养化的情况。《中国国际重要湿地生态状况白皮书》同时指出，我国国际重要湿地面临农、牧、渔业等人类生产生活，基础设施建设和旅游开发活动，工业污水和农业面源污染等环境污染，外来物种入侵及气候变化等方面的威胁。

目前 56 处国际重要湿地中，分布有湿地植物 2114 种，湿地植被覆盖面积为 173.94 万 hm^2。分布有湿地鸟类约 240 种（图 2.16）。在外来物种入侵方面，互花米草是入侵近海与海岸类型国际重要湿地的主要外来物种，上海崇明东滩为治理互花米草入侵提供了样板，通过围堤、刈割、晒地、定植、调水等措施，有效改善了互花米草入侵引起的一系列生态环境问题，使互花米草的入侵得到有效控制。

为更好地保护我国国际重要湿地，国际重要湿地保护管理机构亟待强化国际重要湿地监管、加强国际重要湿地科研监测、加大国际重要湿地宣传教育。首先，需要强化国际重要湿地监管，提升保护管理水平，严格控制湿地资源利用方式和程度，确保国际重要湿地得到有效保

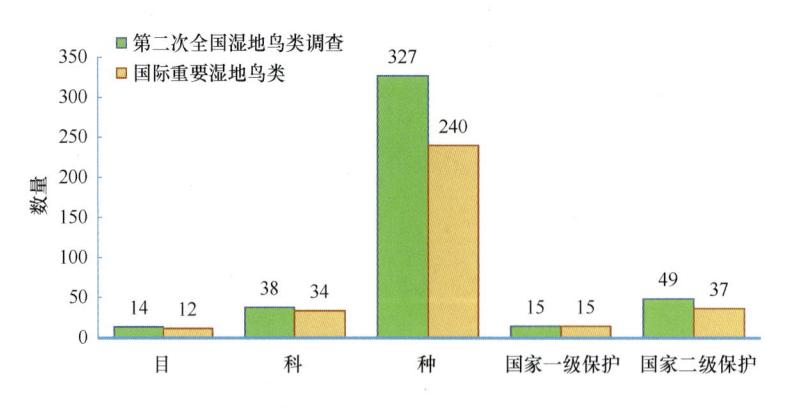

图 2.16　中国国际重要湿地鸟类分布状况

护；其次，需要切实加强科研监测体系建设，提升实时监测能力，建立开展国际重要湿地生态状况年度监测机制，为国际重要湿地保护管理提供科学依据；最后，需要加强国际重要湿地宣传教育，丰富湿地宣教的内容和形式，提高社会公众的湿地保护意识和参与湿地保护的积极性，巩固国际重要湿地保护管理成效。

（十）中国六城荣获"国际湿地城市"称号

"国际湿地城市"是《湿地公约》组织认证的一种称号，体现了一座城市在保护湿地等生态方面的成就，是目前国际上在城市湿地生态保护方面规格高、分量重的一项荣誉。入选城市使用这一称号的期限为6年，到期需要重新认证。申报"国际湿地城市"的硬性门槛有多项，如要求行政区域内湿地率必须在10%以上，湿地保护率不低于50%；成立湿地保护管理的专门机构等。

2018年10月，《湿地公约》第十三届缔约方大会在阿拉伯联合酋长国迪拜召开。会议期间，来自7个国家的18个城市获得了全球首批"国际湿地城市"称号，其中6个为中国城市，占入选城市的1/3。获得首批"国际湿地城市"称号的6个中国城市分别为常德、常熟、东营、哈尔滨、海口和银川。其他入选城市还包括法国和韩国各4个城市，匈牙利、马达加斯加、斯里兰卡和突尼斯各1个城市。这18个城市将作为榜样，激励全球其他城市通过更加积极的行动来实现可持续发展的目标。

国际湿地公约组织秘书长玛莎·罗杰斯·乌瑞格表示，中国在保护湿地方面所做的工作令我印象深刻，中国采取了很多措施，如长期管理政策以及湿地认证办法，在保护湿地方面投入很多资源，所做的一切确实卓有成效。东营和海口是获得"国际湿地城市"称号的我国沿海湿地城市（专栏2.8）。

专栏 2.8　我国入选"国际湿地城市"称号的沿海城市

东营滩涂广阔，湿地环境典型独特，生态系统复杂多样，是众多野生动植物的生长栖息之地，尤其是珍稀濒危水鸟的重要越冬、繁殖、迁徙和停留地。鸟类有368种，约占全国鸟类数量的21%，其中国家一级、二级重点保护鸟类63种，是东北亚内陆-环西太平洋和东亚-澳大利西亚两大鸟类迁徙路线的重要中转站、越冬地和繁殖地，被誉为鸟类重要的"国际机场"和栖息地。建市之初，东营就把城市建设定位为"湿地之城，生态之城"。30多年来，历届市委、市政府将湿地保护作为生态建设的基础性工程、民生工程，不断加大力度，采取多种形式保护湿地。坚持多措并举，科学修复湿地。东营市充分利用每年黄河调水调沙的契机，探索性地开展黄河三角洲生态过水试验，有效恢复大汶流、黄河故道等区域湿地35万亩，成为全国湿地恢复最有代表性的区域。

海口有被称为"中国红树植物基因库"的东寨港红树林湿地，生物多样性十分丰富，其中真红树32种，半红树31种，占全国红树植物品种的97%，是中国首批列入《国际重要湿地名录》的保护区，在中国的海岛生态系统中具有特殊地位。2017年3月海口市委常委会（扩大）会议审议通过了《海口市湿地保护与修复工作实施方案》。根据该方案，海口将完善湿地保护管理体系、健全湿地用途监管机制、建立退化湿地修复制度、完善湿地保护修复保障机制。同时，将开展《海口市湿地保护修复三年行动计划（2017—2019年）》，建设一批国家、省级湿地公园和湿地自然保护区，实现2019年全市湿地面积不低于43万亩的目标。

资料来源：马广仁和刘国强，2019。

最值得关注的十块滨海湿地

第三章

中国沿海湿地保护绿皮书（2019）

本章主笔作者：张小红、窦月含、刘傲禹以及各节作者在人口增加和经济发展的双重压力下，开展全面保护滨海湿地的难度逐年增高。一些滨海湿地的重要性也未得到全社会足够的重视。在阿拉善SEE基金会的支持下，2016年中国科学院地理科学与资源研究所发起了"最值得关注的十块滨海湿地"的评选。评选活动得到了全社会的广泛参与，活动聚焦了公众、社会团体、政府管理部门对滨海湿地的保护意见，旨在推动各级地方政府对滨海湿地的保护及恢复行动。通过2016年滨海湿地评选，提高了地方政府对滨海湿地的重视。在江苏东台条子泥、河北滦南南堡湿地、辽宁盘锦辽河口保护区等一些滨海湿地启动了退塘（养）还湿工程；尝试控制互花米草，进行本土湿地植物补植，为鸟类繁殖、停歇提供适宜的栖息地；江苏如东湿地主管部门编制针对滨海湿地及濒危鸟类栖息地保护的实施计划和滨海湿地总体规划。各级地方政府积极开展滨海湿地保护行动，取得了一定成效，为湿地保护与社会经济可持续发展共同目标积极行动。

随着2018年《国务院关于加强滨海湿地保护严格管控围填海的通知》文件的颁布，各地积极落实国务院有关禁止围填海活动，这也使得滨海湿地保护进入一个新的阶段。评选最值得关注的滨海湿地，就是为了更好地保护现有滨海湿地的生态环境和生物资源，全面推进我国的滨海湿地保护。

一、最值得关注的十块滨海湿地评选

中国科学院地理科学与资源研究所、阿拉善SEE基金会和红树林基金会（MCF）于2018年12月5日组织和发布"最值得关注的十块滨海湿地"评选活动。基于2016年对最值得关注的十块滨海湿地评选的经验和组织方法，我们对"最值得关注的十块滨海湿地"评选活动进行了改进，先由社会团体、政府部门提出本年度值得关注的滨海湿地名单，然后在网络上由公众投票选出最值得关注的十块滨海湿地，目的是鼓励公众广泛参与湿地评选和湿地保护行动。

评选活动分为推荐和评选两个环节。首先，发布推荐活动通知，对推荐资格、推荐内容、评选标准、评选方式等提出明确要求，并附上十块最值得关注的滨海湿地推荐表。通过线上问卷收集和线下邮件方式进行推荐，截至2019年1月10日，41个单位共推荐了40块湿地，但是部分湿地不符合标准，如有些湿地属于2016年已评选过的十块滨海湿地，有些不属于滨海湿地等。剔除上述不符合评选要求的湿地后，最终进入评选阶段的湿地有23块。之后，根据评选滨海湿地的标准和要求，对相关机构推荐的"最值得关注的滨海湿地"的支持材料进行筛选和整理，发布入围滨海湿地名单和材料，在2019年2月2日世界湿地日之际，通过网络发布2018年最值得关注的23块滨海湿地基本信息，由公众进行在线投票。统计结果显示，本次活动共接受公众访问网站 131 076 次，收到合格的公众投票 23 439 份。最后按照公众投票统计结果，评选出 2019 年最值得关注的十块滨海湿地（表 3.1）。

表3.1 最值得关注的十块滨海湿地评选结果

序号	推荐湿地名称	推荐单位	联系人
1	辽宁葫芦岛打渔山入海口湿地	葫芦岛市野生动植物湿地保护协会	聂永新
2	河北秦皇岛石河南岛湿地	秦皇岛市观（爱）鸟协会	刘学忠
3	天津七里海湿地	天津市滨海新区疆北湿地保护中心 交通运输部天津水运工程科学研究院	王建民 郑天立
4	山东胶州湾河口湿地	中国生物多样性保护与绿色发展基金会 青岛市观鸟协会	张永飞 薛 琳
5	山东青岛市涌泰湿地公园	青岛市观鸟协会	薛 琳
6	浙江温州湾湿地	温州野鸟会	王小宁
7	福建兴化湾湿地	福建省观鸟会	王翊肖
8	福建晋江围头湾湿地	中国沿海水鸟同步调查项目组	陈志鸿
9	福建泉州湾湿地	厦门雎鸠生态科技有限公司	江航东
10	海南儋州湾湿地	海口畓榃湿地研究所、海南观鸟会	卢 刚

在最值得关注的十块滨海湿地评选过程中，发现有些生物多样性丰富的湿地并没有被推荐，而在被推荐湿地名单中由于投票数量较少，使得如山东黄河三角洲湿地、上海南汇湿地、浙江杭州湾湿地和广东南沙湿地等重要湿地未入选最值得关注的十大湿地名单。这与推荐单位属性和公众认知有关。据统计，推荐单位中非政府组织占 58.5%、观鸟会占 17.1%、保护地管理机构占 7.30%、湿地协会占 4.90%，研究机构占 2.40%，其他占 9.80%。所以，提升公众对湿地生态系统及生物多样性的认识和保护意识任重而道远（专栏 3.1，图 3.1）。

专栏 3.1 十块最受关注的滨海湿地评选标准

（1）湿地生态系统功能具有极高的价值：生物多样性高，是某个（些）动植物物种重要且不可或缺的栖息地。

（2）湿地面临严重威胁：包括人类活动、气候变化和外来物种入侵等相关的威胁。

（3）湿地在未来的几年中的重大决定，如实施重大工程、养殖、修建海堤、港口等。

（4）该湿地急需得到更多的关注，并需要采取有效的保护行动或措施（若有）。

资料来源：于秀波和张立，2018。

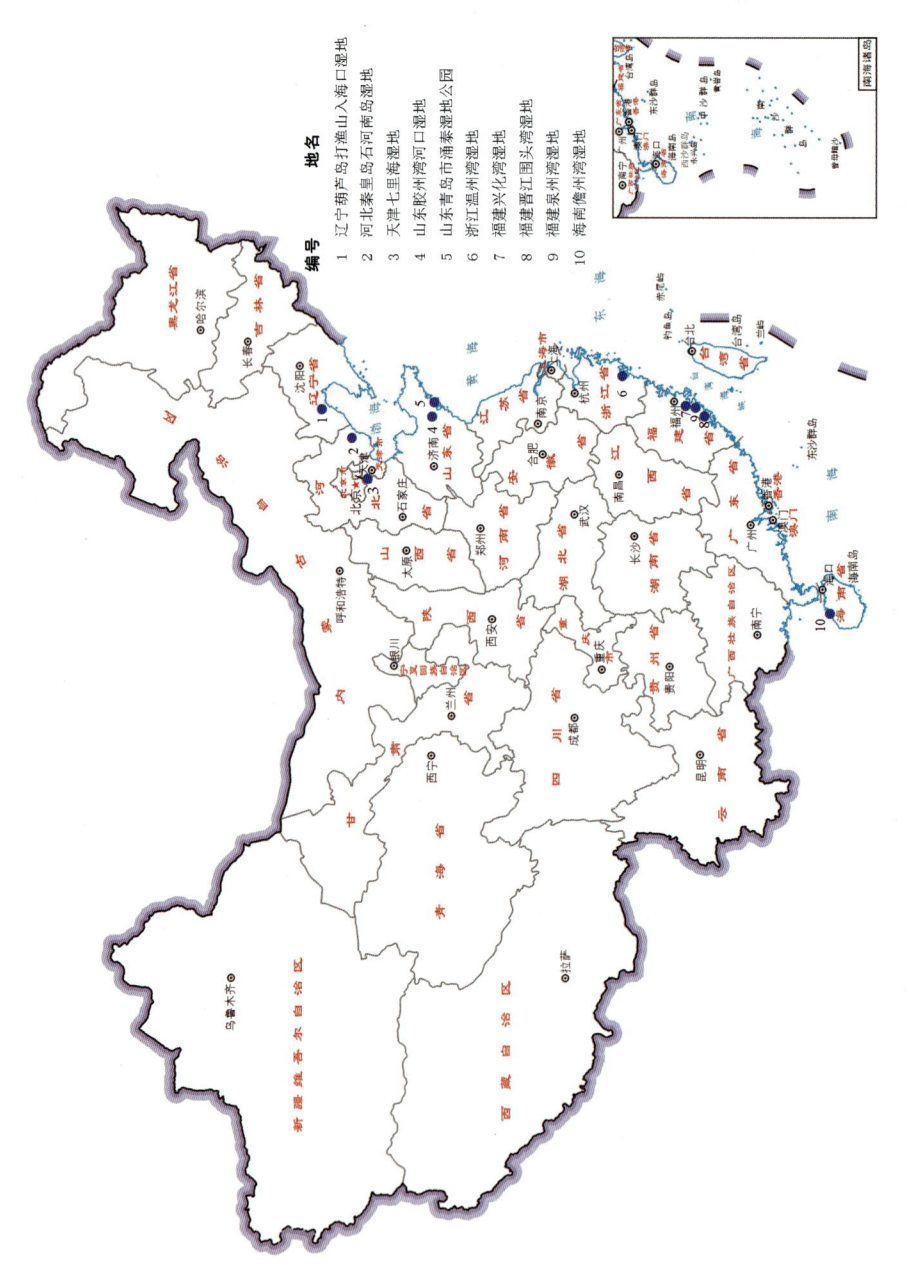

图 3.1 最值得关注的十块滨海湿地分布图（徐莉 制图）

编号	地名
1	辽宁葫芦岛打渔山入海口湿地
2	河北秦皇岛石河南岛湿地
3	天津七里海湿地
4	山东胶州湾河口湿地
5	山东青岛市浦秦湿地公园
6	浙江温州湾湿地
7	福建兴化湾湿地
8	福建晋江围头湾湿地
9	福建泉州湾湿地
10	海南儋州湾湿地

二、最值得关注的十块滨海湿地介绍

这十块滨海湿地北起辽宁省葫芦岛、南至海南儋州湾，地跨我国辽宁、河北、天津、山东、浙江、福建和海南 7 个省（直辖市），覆盖了海岸湿地、潮间带滩涂、河口、海湾和红树林等主要类型，这些滨海湿地拥有丰富的生物多样性和生态功能，多数未被列入我国现有的湿地保护体系中，湿地保护面临着诸多挑战。

（一）辽宁葫芦岛打渔山入海口湿地[①]

辽宁葫芦岛打渔山入海口湿地位于辽宁省葫芦岛市连山区塔山乡。范围南起笊篱头子，北至老河口，面积约为 2500hm²。其中打渔山面积约为 100hm²，平均海拔为 58.2m，三面临滩，一面朝海，涨潮时海水环绕，退潮后有大片潮间带与陆地相连，广阔滩涂和浅海水域是鱼虾贝类的繁殖场，这里丰富多样的生物资源为众多迁徙鸟类提供了充足的食物，辽宁打渔山入海口湿地记录的鸟类有 242 种，是东亚-澳大利西亚迁徙路线（East Asian-Australasia Flyway，EAAF）的重要驿站（图 3.2，图 3.3）。

1. 湿地的特点及重要性

辽宁葫芦岛打渔山入海口湿地由近海与海岸湿地、河流湿地和沼泽湿地组成，有浅海水域、沙石海滩、河口、永久性（季节性）河流、洪泛平原湿地和草本沼泽 6 个湿地类型。湿地内有周流河、塔山河、高桥河和大兴堡河 4 条河流，均向南流入海，流域总面积为 254km²。湿地区域内岩体以砾砂岩为主；海

图 3.2　辽宁葫芦岛打渔山入海口湿地位置图
（聂子峻 制图）

岸潮间带淤积层厚度为 15~35cm，淤积层下为砂砾层；区域内自然地质以砂壤为主，部分地段有砾石。基本地貌为河流冲积平原，地势呈西高东低，只有打渔山拔地而起；河口区与沿海冲积平原交接处多为砂与贝壳混砂组成的阶地，近海多为沙质海岸（图 3.4）。

---
① 本部分共同作者：聂永新

图 3.3　辽宁葫芦岛打渔山入海口湿地潮起潮落（聂永新 摄）

图 3.4　辽宁葫芦岛打渔山入海口湿地西苇塘（刘安 摄）

辽宁葫芦岛打渔山湿地野生物种丰富，据调查野生植物有 63 科 128 属 203 种，其中以湿生植物为主，主要包括柽柳、红碱蓬、芦苇、香蒲、扁秆蔗草等，特色植物有黄波萝、玉竹、春榆、小叶朴等。

辽宁葫芦岛打渔山入海口湿地是 EAAF 的重要栖息地，有国家重点保护鸟类 26 种，包括东方白鹳、白鹤、灰鹤、大天鹅、白琵鹭和长耳鸮等鸟类。同时也是黑嘴鸥、遗鸥、反嘴鹬、黑翅长脚鹬、鹭类和鸭类等众多水鸟的繁殖地，其中 2018 年鸟类调查时发现全球受胁物种黑嘴鸥和遗鸥在此繁殖（图 3.5~图 3.7）。

图 3.5　辽宁葫芦岛打渔山入海口湿地的冬候鸟灰鹤（刘安 摄）

图 3.6　辽宁葫芦岛打渔山入海口湿地南塘反嘴鹬及幼鸟（聂永新 摄）

图 3.7　辽宁葫芦岛打渔山入海口湿地鸥嘴噪鸥（聂永新 摄）

2. 湿地的保护及面临的威胁

葫芦岛市人民政府在2012年正式颁布实施了《葫芦岛市湿地保护管理办法》；2018年实施了《葫芦岛市湿地保护修复工作方案》，市政府逐步引导湿地资源保护与利用向着规范化、科学化、法制化方向健康发展。

葫芦岛市政府投资建立了智能视频监控系统，覆盖打渔山湿地几个重要的鸟类栖息、觅食等活动区域，极大地提升了鸟类监测的连续性、实时性和准确性。通过系统监测，在打渔山发现了筑巢孵化的长耳鸮和一只受伤灰鹤"希冀"，及时救助受伤灰鹤并安装卫星跟踪器，通过对"希冀"的实时追踪，掌握了打渔山地区灰鹤的迁徙路线、栖息生境选择等关键信息。

发挥葫芦岛野生动植物保护协会等社会团体的作用。该协会成立专项调查组在打渔山湿地区域开展野外调查、监测和数据整理工作，编制《葫芦岛打渔山及周边野生动植物与湿地资源普查报告》。为政府有关部门开展野生动植物保护和科学研究提供了一手资料，为湿地保护管理提供参考依据（图3.8~图3.10）。

葫芦岛野生动植物保护协会还定期举办"打渔山生态摄影展""爱鸟周""湿地日"等主题活动。通过对打渔山鸟类知识科普和湿地功能的介绍，逐步提高民众保护生态环境的意识。成立专门的环保志愿者组织，组成人员遍及周边30多个乡镇。

图3.8 辽宁葫芦岛打渔山入海口湿地赶海的渔民
（聂永新 摄）

图3.9 打渔山灰鹤"希冀"放飞
（杨玉萍 摄）

图 3.10　各界人士参与"希翼"放飞仪式（杨玉萍 摄）

辽宁葫芦岛打渔山入海口湿地对外交通便利，周边社区人口相对稠密，退潮时，周边乡镇的人们进入打渔山入海口湿地沿岸淤泥海滩，捡拾贝类，捕捞鱼虾，减少了鸟类的食物来源，对鸥类、鸻鹬鸟类构成一定干扰，在鸟类迁徙季节，过度的人类活动直接影响候鸟的觅食和停歇。

3. 保护与发展的契机

辽宁省相继出台多项地方法规、政策和制度，加强对鸟类栖息地的管护。特别是在鸟类迁徙季节，派专人强化管理。这些法律、法规的实施，为湿地鸟类及其栖息地保护提供了法律保障。

全面落实"河长制"，编制海岸线保护规划，实施滨海湿地生态环境治理工程，使全市河流水质优良比例和近岸海域水质状况保持稳定。

利用打渔山交通区位优势和丰富的湿地景观资源，以全面保护湿地资源为基本原则，将打渔山与西苇塘、南塘统一规划，与红海滩观光带有机融合，使之成为葫芦岛市生态休闲的重要节点。

社区建立共管机制，选择共管的试点单位，积极探索资源保护与利用的最佳途径，积累经验并推广到整个区域。通过社区共管，逐步增强社区环境保护意识，改善社区居民生计来源，改变社区居民生产、生活方式，减少对湿地资源的直接依赖。

依托大专院校和科研机构力量,广泛邀请相关学科专业人员开展学术交流,建立大学及科研院所课题研究基地。重点侧重于淤泥质海滩保护与利用、鸟类栖息生境与种群数量动态监测等方面。

(二)河北秦皇岛石河南岛湿地[①]

河北秦皇岛石河南岛湿地位于河北省秦皇岛市山海关区东南部,是北戴河湿地的组成部分。石河南岛是石河与海潮长期冲刷和反冲刷而形成的岛屿,由石河三角洲发育而成。陆地面积为82.33hm²,海岸湿地面积约为120hm²,河流湿地面积约为60hm²,南面海岸线长3.54km,东西两岸为石河入海通道,北面距离燕山余脉不足10km,石河南岛被河北省命名为无人居住的天然岛屿,岛上有较好的植被,黑松林约占全岛面积的12%;记录的鸟类达385种,这里是东亚-澳大利西亚候鸟迁徙路线的重要节点(图3.11)。

图 3.11 河北秦皇岛石河南岛湿地(孔祥林 摄)

---

① 本部分共同作者:刘学忠

1. 湿地的特点及重要性

河北秦皇岛石河南岛湿地由海岸湿地、河流湿地、滩涂、养殖塘等类型组成。湿地土壤以海砂、砾石、潮土、草滩为主，具有典型的滨海湿地特征。气候属暖湿带半湿润大陆性季风气候，光照充足、四季分明、冬暖夏凉，年降水量约为600mm，潮汐属不正规全日潮，年平均潮位87cm，最高潮位238cm（8月），最低潮位-140cm（2月），平均浪高0.5m。

河北秦皇岛石河南岛湿地野生植被资源丰富，海洋植被特征显著。野生植被乔、灌、草种类众多，珊瑚菜、荙菜、柽柳、中华补血草、海边甜豌豆、海岸黄耆、苍术、合掌消眼子菜、雨久花、中麻黄等为国家级、省级保护植物或被列入《中国物种红色名录》（图3.12）。

图 3.12 海边甜豌豆（高宏颖 摄）

2. 湿地的保护及面临的威胁

河北秦皇岛石河南岛湿地生态及生物多样性引起社会各界的广泛关注。在山海关区政府、秦皇岛市观（爱）鸟协会、阿拉善基金会的联合推动下，在石河南岛湿地召开了湿地保护与修复研讨会，讨论保护与修复方案，加强对鸟类、海洋生物和植被的调查与监测，实施了以保护修复为目标的建设工程项目。

形成全社会关心、参与湿地保护的氛围。利用世界湿地日、爱鸟周、野生动物保护月等契机，举办摄影比赛、湿地保护志愿者社会实践活动、生态科普展览、观鸟等社会活动，让当地群众认识湿地、爱护生态，使湿地保护事业深入人心。特别是加强对青少年的宣传教育，建成三个湿地保护教育基地和26所生态科普教育小学，逐步实现湿地、生态宣传教育进入课堂（图3.13，图3.14）。

图 3.13　凤头燕鸥（中间）（高宏颖 摄）

图 3.14　生态科普学校的师生走出校园，向市民宣讲生态知识（刘学忠 摄）

地方政府已禁止在岛上居住、开垦种地、养殖等活动。相关部门在岛上种树，因其规划不完善，树木生长茂盛，间接影响鸟类停歇、觅食。政府部门的决策需要多学科评估，避免给生态平衡带来影响。一些人上岛捕捞野生鱼类和其他水产资源，捡拾鸟蛋，既减少了鸟类的食物来源也干扰了鸟类的繁殖生息。

3. 保护与发展的契机

地方政府积极响应国家《关于统筹推进自然资源资产产权制度改革的指导意见》，到2020年，基本建立归属清晰、权责明确、保护严格、流转顺畅、监管有效的自然资源资产产权制度，提高自然资源开发利用效率和保护力度，完善生态资源保护体系、推动人与自然和谐发展。构建无居民海岛产权体系，试点探索无居民海岛使用转让、出租等形式来加强资源保护与合理利用。

统筹推进湿地保护工作。秦皇岛市湿地保护管理领导小组研究解决与湿地保护有关的重大事项，组织编制的《秦皇岛市湿地保护规划（2018—2025年）》，以保护、修复和扩大湿地生态空间为主要目标，以湿地自然保护区和湿地公园建设、湿地生态修复、湿地污染整治以及湿地环境监测为重点任务，通过加强湿地保护工程和管理体系建设，系统修复和提升湿地生态系统功能。

（三）天津七里海湿地[①]

天津七里海湿地位于天津市宁河区西南部，是1992年经国务院批准建立的天津古海岸与湿地国家级自然保护区的重要组成部分，属于海洋类型自然保护区。保护对象为贝壳堤、牡蛎礁构成的珍稀古海岸遗迹和湿地自然环境及其生态系统。天津古海岸与湿地国家级自然保护区总面积为359.13km²，分布于天津市宁河区、津南区、宝坻区、滨海新区以及北京市清河农场和河北省唐山市芦台农场。保护区在宁河区内的面积为233.49km²，其中湿地核心区44.85km²、缓冲区42.27km²、实验区146.37km²（图3.15）。

1. 湿地的特点及重要性

天津七里海湿地水域辽阔，沼泽遍布，河道纵横，具有完整的生态系统。大面积天然湿地在调节气候、涵养水源、净化水质等方面发挥着巨大作用，被称为"京津绿肺"和"天津之肾"。七里海还是生物多样性典型地区，有鸟类251种，植物292种，被称为物种多样性基因库。七里海湿地景观在华北地区属于相对稀缺的景观类型，特别是近年来华北地区降水偏少，更凸显湿地景观的珍贵。保护区内发育了较典型的沼泽湿地生态系统，具有重要的保护和科研价值，是华北地区人类活动密集区的典型湿地。

[①] 本部分共同作者：天津市七里海湿地自然保护区管理委员会（七里海管委会）

图 3.15 天津七里海湿地（图片来源：天津市七里海湿地自然保护区管理委员会）

天津七里海湿地俵口镇及其周边区域分布了大量牡蛎礁，其规模大、密集度高、排列清晰、保存完好，令中外专家叹为观止，是世界同类自然遗迹中的典型代表，对开展古地理、古气候、海洋生态、海陆变迁等诸多研究具有重要的科学价值（图 3.16）。

天津七里海湿地是东亚-澳大利西亚候鸟迁徙路线中的重要驿站，依据七里海湿地 2019 年科学考察数据，共发现鸟类 19 目 251 种。其中，国家一级保护鸟类 6 种，分别是东方白鹳、黑鹳、白鹤、白尾海雕、遗鸥、大鸨；国家二级保护鸟类 23 种，包括天鹅、白琵鹭、灰鹤、鹰、隼等。随着近年来湿地生态环境质量的提升，水鸟种类、数量均呈现逐渐增加趋势，一些珍稀鸟类如震旦鸦雀、中华攀雀、文须雀等又重返七里海（图 3.17）。

图 3.16　七里海湿地鸟类（图片来源：天津市七里海湿地自然保护区管理委员会）

天津七里海湿地是植物多样性典型地区，2017年的科学考察数据显示，七里海有各种植物292种，其中湿地野生植物153种，包括水生、湿生和陆生等各种类型，以芦苇、香蒲为主。水生植物有挺水植物，如香蒲、菖蒲、水葱、茨菰等；浮叶植物，如荇菜、丘角菱等；沉水植物，如狐尾藻、鱼腥草、黑藻等；漂浮植物，如浮萍、水鳖等。湿生植物，如芦苇、荆三棱、红蓼等。陆生植物有地肤、盐地碱蓬、益母草等。列入《中国植物红皮书》的野大豆、在天津乃至华北地区都极其罕见的野绿豆、中华补血草、酸浆、倒地铃、罗布麻等植物物种得到有效保护与繁殖。

图 3.17　七里海湿地鸟类（图片来源：天津市七里海湿地自然保护区管理委员会）

2. 湿地的保护及面临的威胁

天津七里海湿地有连片芦苇水面6万余亩。多年来，大面积芦苇、鱼塘分割经营，加上无法引进水源，长期处于干涸和半饥渴状态，芦苇等植物生长呈现退化趋势，湿地生态功能也大幅度衰弱。

（1）土地权属问题。天津七里海湿地及其周边土地所有权全部属村集体所有，长期以来由农户承包经营，湿地被人为分割，难以做到统一规划、统一管理、统一保护。而且保护区内仍存在6个建制镇、38个村约12万人口。七里海保护区缓冲区范围内仍存在大量基本农田，缓冲区内老百姓的生产生活、经营活动对湿地保护的人为干扰较大。针对该问题，宁河区正在推进核心区、缓冲区土地流转工作，并已启动缓冲区中的5个村庄约2.5万现有居民的生态移民。

（2）历史遗留问题。由于历史原因，保护区内存在大量违规建设。2011年，宁河区在保护区核心区、缓冲区内违规开发建设七里海湿地公园项目，开展生态旅游，对湿地生态系统造成了一定影响。2015年9月，七里海湿地公园关停，2017年底，拆除湿地公园全部旅游设施，实施湿地生态修复行动，现已全部还湿复绿。其他违规建设也都逐一拆除整改，逐渐恢复湿地原貌。

（3）水量不足问题。保护区湿地水源主要来自上游潮白新河。近年来，天津七里海湿地水资源日益短缺，水量严重不足。其原因：一是潮白河上游河道下泄水量和汛期拦蓄雨洪水明显减少；二是七里海区域自然降水明显减少，年均降水量仅为500多毫米。因此导致七里海湿地缺水情况十分严重，周边土地盐碱化日渐明显。目前，宁河区正在实施包括潮白新河乐善橡胶坝、污渠清淤改造等引水调蓄系列工程，预计2020年底全面完工，届时七里海湿地蓄水能力将由原4000万 m³ 增加到8000万 m³，满足七里海湿地需水要求。

2017年，按照天津市湿地自然保护区"1+4"规划体系要求，宁河区积极借鉴国内外湿地保护先进理念和成功经验，高标准编制了《七里海湿地生态保护修复规划（2017—2025年）》，系统性地提出清理历史遗留问题、生态移民、土地流转、引水调蓄、苇海修复、鸟类保护、湿地生物链修复与构建、巡护防护及科普教育、缓冲区生态修复、实验区人工湿地建设等十大工程规划。2017年9月经市委、市政府批准后，全面启动实施。针对核心区内的鱼塘清理、水系连通、鸟类栖息地营造等生态修复工程均已付诸实施，并初见成效（图3.18）。

图3.18 《七里海湿地生态保护修复规划（2017—2025年）》
（徐莉 制图）

2009年以来，通过不断加强科研与监测，保护区共完成国家级和省部级重点科研项目近30项，坚持每年一次科考、每5年开展一次综合调查，开展水生生物和水环境、植物以及鸟类种类和数量等方面的监测，掌握自然保护区的整体情况。数据显示，目前湿地生态环境质量及生物多样性均得到有效恢复。

3. 保护与发展的契机

根据天津市湿地自然保护区"1+4"规划确定的主要任务，本着"自然恢复为主、人工修复为辅"的原则，宁河区进一步加大滨海湿地生态保护和修复力度，完善生态补偿机制，实施生态移民、土地流转、恢复芦苇湿地等保护修复工程，恢复河湖水系连通，退耕还湿、退渔还湿，逐步恢复湿地生态。全面加强野生动物保护，强化日常监管执法，推进生态文明建设示范区创建。

另外，按照中共中央办公厅、国务院办公厅印发的《关于建立以国家公园为主体的自然保护地体系的指导意见》，结合七里海湿地自然保护区实际情况，天津市正在加快推进七里海湿地保护区的优化整合工作，着力解决多头管理、边界不清、权责不明、保护与发展矛盾突出等问题，建立分类科学、布局合理、保护有力、管理有效的自然保护地，提升生态产品供给能力，维护国家生态安全，为建设美丽中国、实现中华民族永续发展提供生态支撑。

（四）山东胶州湾河口湿地[①]

山东省胶州湾位于山东半岛南岸西部，濒临黄海，是一个半封闭海湾。胶州湾平均水深7m，东西宽约27.8km，南北长约33.3km，总面积为370.6km²。胶州湾湿地包括近海和海岸湿地、河流湿地、沼泽湿地、人工湿地四大类型，其中以浅海水域、淤泥质海滩、河口水域和水产养殖场为主（图3.19）。

1. 湿地的特点及重要性

胶州湾湿地是山东半岛面积最大的河口海湾型湿地，沿岸有墨水河、白沙河、大沽河、洋河等多条河流流入。国家海洋局北海环境监测中心2017年对胶州湾的调查显示，潮上带植物132种，有草本、灌木、藤本和乔木等多种类型，草本植物占总科数的87.8%，湿地植被以盐地碱蓬、芦苇等草本盐生和水生植物群落为主。浮游生物110种，大型底栖动物163种。湿地鸟类156种。胶州湾是东亚-澳大利西亚候鸟迁徙路线中的驿站，充足的食物为南北迁徙候

---

① 本部分共同作者：薛琳

图 3.19 大沽河附近的三大湿地

鸟补充所需能量；同时，胶州湾也是一些水鸟的越冬地和繁殖地，是世界自然基金会（WWF）所确定的"全球200佳生态区"之一的黄海生态区的重要组成部分。据2016~2018年中国海洋大学和青岛市观鸟协会的连续观察，栖息、繁殖的鸟类以游禽和涉禽为主。优势种为反嘴鹬、环颈鸻、泽鹬、黑翅长脚鹬、黑腹滨鹬、白腰杓鹬和灰斑鸻等，其中，国家一级保护鸟类5种，即黑鹳、遗鸥、白头鹤、丹顶鹤和白鹤；国家二级保护鸟类13种。IUCN（2017年）确定的受胁水鸟有19种，包括青头潜鸭、中华凤头燕鸥、黑脸琵鹭、小青脚鹬、大杓鹬、东方白鹳、黄嘴白鹭、黑嘴鸥等。统计结果发现，胶州湾湿地越冬水鸟总数超过20 000只，有6个物种数量超过1%（国际重要湿地标准），包括黑腹滨鹬、翘鼻麻鸭、白腰杓鹬、红头潜鸭、罗纹鸭和黑嘴鸥；蛎鹬数量已达到10%（国际重要湿地标准），这意味着胶州湾特殊的地理位置和丰富的生物资源，使其成为东亚-澳大利西亚候鸟迁徙路线的重要停歇地（图3.20~图3.22）。

图 3.20 蛎鹬（薛琳 摄）

图 3.21 黑腹滨鹬（薛琳 摄）

图 3.22 白腰杓鹬（薛琳 摄）

2000年胶州湾被列为国家重要湿地、水鸟迁飞路线重要地区。2012~2016年先后建立胶州湾滨海湿地省级海洋特别保护区、胶州少海国家级湿地公园、黄岛、唐岛湾国家级湿地公园和胶州湾国家级海洋公园（海域面积19 971.77hm²，陆域面积39.23hm²），此外，还建有5个省级湿地公园。

2. 湿地的保护及面临的威胁

（1）青岛市正在实施的"环湾保护、拥湾发展"战略，做到城市的"拥湾发展"与胶州湾"环湾保护"并重。2014年青岛实施了《青岛市胶州湾保护条例》，对胶州湾划定了控制线，严禁任何侵占湿地及破坏湿地行为，并开展第三次湿地普查工作；未来将以湿地公园建设带动胶州湾湿地保护，重点建设胶州湾湿地自然保护区（图3.23）。开展湿地恢复与治理，推动退化湿地恢复工程，通过实施近海和海岸湿地重点工程，恢复滨海湿地，改善湿地生态环境等。

图3.23 规划中的国家湿地公园（薛琳 摄）

（2）加强鸟类监测。青岛市观鸟协会对鸟类进行长期监测，动员社会力量积极参与候鸟监测和保护工作（图3.24）。

（3）开展湿地宣传教育。每年利用"湿地日""爱鸟周""野生动物保护宣传月"及重要节日在胶州湾开展湿地鸟类图片展、摄影比赛等，通过电视、报刊等媒体普及湿地保护知识宣传；在青岛市林业和园林局支持下开展湿地观鸟、中小学生自然教育等活动，进一步加强公众教育和宣传工作，提高全社会湿地保护意识（图3.25）。

图3.24 青岛市园林和林业局工作人员在指导中国海洋大学的学生观鸟（薛琳 摄）

图3.25 在青岛大学讲授鸟类保护知识（薛琳 摄）

（4）互花米草入侵严重。1988年在胶州湾零星分布有互花米草，面积仅为2.9hm²，到2012年互花米草面积增长明显，2014~2017年，互花米草的分布出现爆发式扩张，至2017年互花米草面积已达234.94hm²，其中以洋河口及其周边潮滩面积最大，且增速最快，占胶州湾滨海湿地互花米草面积的65.8%（图3.26）。

（5）湿地生态功能减弱。潮间带和潮下带湿地面积的缩小使胶州湾内外水体交换能力和水体自净能力减弱，污染加重。因为河流入海径流量减小，致使海水倒灌，生态景观变化，河流和河口湿地退化，潮上带自然湿地的退化导致生物多样性下降。

3. 保护与发展的契机

（1）加强水污染治理。落实《渤海综合治理攻坚战行动计划》，全面改善胶州湾水环境。一是陆源污染治理。通过陆源污染综合治理，降低陆源污染物入海量。二是海域污染治理。实施海水养殖污染治理，清理非法海水养殖。三是生态保护修复。实施海岸带生态保护，划定并

图3.26 胶州湾墨水河口的扩张（薛琳 摄）

严守渤海海洋生态保护红线，严格管控围填海和海岸线开发，实施生态恢复修复，加强河口海湾综合整治修复、岸线岸滩综合治理修复。

（2）健全胶州湾湿地管理体系。筹划胶州湾滨海湿地国家级自然保护区。为鸟类觅食、停歇和越冬营造适宜栖息地，减少人为活动干扰；建立胶州湾湿地生态保护补偿机制，促进湿地保护与地方经济可持续发展。对重要自然湿地进行生态修复，保证湿地的连通性。

（3）控制外来物种入侵。采取不同措施，治理和控制互花米草的扩展趋势。

胶州湾湿地尚未加入中国沿海湿地保护网络，也没有列入国际重要湿地。系统性水鸟调查研究也刚刚起步，应增加资金投入，提高公众参与力度，提高湿地保护宣传力度，扩大胶州湾知名度。

（五）山东青岛涌泰湿地公园[①]

山东青岛涌泰湿地位于山东省青岛莱西市南部、姜山镇西北五沽河支流上，原名姜山湿地，总面积约为13.3hm²，其中水面面积约为3.33hm²，是胶东半岛最大的湿地。湿地地势比周边都低，雨水在这里汇集。因为面积大，水域无污染，所以吸引了大量的水鸟（图3.27）。

---

① 本部分共同作者：薛琳

图 3.27 姜山镇的涌泰湿地（薛琳 摄）

1. 湿地的特点及重要性

涌泰湿地是青岛市最大的沼泽湿地。湿地内河道和湖泊相连，珍稀动植物种类丰富多样。现已发现植物有 282 种，其中，国家级珍稀植物 7 种，挺水植物主要有芦苇和蒲草；涌泰湿地记录的鸟类约有 215 种，夏季繁殖的鸟类有白鹭、夜鹭、池鹭、草鹭、白骨顶、黑水鸡、黑翅鸢、长耳鸮和白眼潜鸭等；越冬期雁鸭类鸟类达上万只。国家一级重点保护动物 4 种，即黑鹳、白鹤、丹顶鹤和白尾海雕。国家二级保护动物 30 种，即大天鹅、鸿雁、灰鹤、灰背隼、燕隼、红隼、黑翅鸢、普通鵟、长耳鸮和纵纹腹小鸮等。被列入《IUCN 红色名录》极危物种的青头潜鸭在此越冬。因此，该湿地作为鸟类重要的栖息地，需要加以保护（图 3.28，图 3.29）。

2. 湿地保护及面临的威胁

涌泰湿地生境类型有人工湿地、天然湿地和沙丘。该湿地隶属于莱西市姜山镇管辖，2005 年，姜山镇引进了青岛泰林涌集团有限公司，投资 150 亿元对姜山湿地进行保护性开发，开发建设成省级涌泰湿地公园。公园以湿地等原生态自然资源为特色，充分利用湿地的地貌条件，打造国际生态旅游区，主体区域建成民俗文化、生态湿地、旅游、度假等区域。以万亩湿地，

图 3.28　灰鹤（薛琳 摄）

碧水蓝天，百鸟翔集，锦鳞畅游，构建独具特色的自然和人文景观。

湿地破碎化。涌泰湿地公园建设规划时对园区进行了功能区划，由于大面积湿地及周围农田被开发成商业用地，整个湿地呈现出碎片化，大面积、连片湿地被割裂成面积较小的斑块，未对湿地生物资源进行整体规划布局，从而破坏了原有湿地的生态系统平衡，影响到东亚-澳大利西亚候鸟迁徙路线水鸟的觅食、栖息、繁殖（图 3.30）。

图 3.29　白鹭繁殖（薛琳 摄）

湿地建设缺乏科学指导。企业参与生态环境保护需要不同学科的专家从理论和技术上给予指导，才能进行科学规划，使自然与开发活动相适宜。企业若管理不当，不仅破坏湿地生态环境，也会影响到地方经济的可持续发展。

图 3.30 涌泰湿地内办公室（薛琳 摄）

涌泰湿地正在规划建设野生动物园。拟建以非洲食草动物为主题的野生动物园。建议不修建该野生动物园，若一定要建设，希望能与湿地公园隔离开，确保水鸟栖息、繁殖。

3. 保护与发展的契机

（1）统筹乡村生态保护与修复。《青岛市乡村振兴战略规划（2018—2022年）》指出，加强重要生态系统保护，强化乡村生态系统修复，确保全市湿地面积不低于14万hm^2。

（2）落实青岛市湿地保护红线。红线区占湿地总面积的59.14%，集中分布在河网密集的胶莱河、大沽河流域、胶州湾和东南沿海一带浅海水域。

（3）落实河（湖）长制。2018年，青岛市出台全面落实河（湖）长制的实施方案，将湿地纳入河（湖）长制。以落实河长制为基础，进一步加强河流、湖泊湿地统一管理，全面推进河（湖）生态环境保护和修复。对于纳入生态红线区的湿地勘界定标。

（4）涌泰湿地公园保护引入市场化、多元化机制，吸引社会资本参与湿地保护与利用。建议扩大湿地保护面积，并在湿地保护区域外留有一定的缓冲区，建立生物廊道以保证与周围生境的连通性，特别是要保证农田可达性，以保证鸟类取食；在湿地公园保护范围内实施重点动植物恢复保护工程，在候鸟迁徙季节，对一些关键区域加强管理，严格控制游客进入湿地公园候鸟聚集区，确保湿地内水质、噪声污染管理，降低人为活动对鸟类的扰动。

（六）浙江温州湾湿地[①]

温州湾湿地是由瓯江、飞云江和鳌江三条河的河口平原与洞头列岛组成的敞开型、非完整的海湾。温州湾地处浙江东南沿海，其范围北起乐清岐头咀至大乌星一线，经小门岛、大门岛、青山岛、状元岙岛、三盘岛、洞头岛、半屏山、北策岛、南策岛、北龙山至苍南的平阳咀，地跨乐清市、瑞安市、平阳县、苍南县等6个县（市、区）（图3.31）。

1. 湿地的特点及重要性

温州湾湿地主要由浅海水域、淤泥质海滩、岩石海岸、沼泽、养殖塘等类型组成，总面积为117 437.62hm^2。这里属亚热带季风气候区，全年温暖湿润，四季分明，但常受到台风、暴雨等袭扰。

图3.31 温州湾卫星照片（赵宁 制图）

温州湾外侧潮汐属正规半日潮，位于瓯江口内龙湾区，飞云江口的瑞安等地潮汐属非正规半日潮。据观察，地形和径流作用使落潮历时长于涨潮历时，这种差值随着深入河口距离的增加而增大。温州湾平均潮差3.99~4.52m，最大潮差达7.21m（龙湾区）。潮流为不正规半日浅海潮流，平均流速0.37~0.92m/s。由于江浙沿岸流和台湾暖流的共同影响，冬季以南向流为主，夏季以北向流为主，盐度较高，并在近岸地区形成上升流。温州湾泥沙来源丰富，底质为黏土质粉砂和粉砂质黏土，潮滩发育，处于淤涨状态（图3.32）。

温州湾湿地自然生境多样，生物多样性丰富。湿地植物72种，其中湿生植物51种。潮间带以互花米草群系、南方碱蓬群系为主，潮上带则由木槿群系、芦苇群系、单叶蔓荆群系组成。温州湾的优势鱼类有龙头鱼、小黄鱼、黄鲫、银鲳、鲐鱼等。

温州湾大型底栖动物以甲壳类、腹足类和多毛类为主，优势种为尖锥拟蟹守螺、珠带拟蟹守螺、弧边招潮蟹、弹涂鱼、短拟沼螺、绯拟沼螺和长足长方蟹等（图3.33）。丰富的底栖动物为鸟类提供了充足的食物，吸引鸟类栖息和觅食。温州湾湿地位于东亚-澳大利西亚迁飞区，是迁徙水鸟重要的停歇地、越冬地和繁殖地。

[①] 本部分共同作者：王小宁

图 3.32 温州湾滩涂（周进锋 摄）

图 3.33 温州湾弹涂鱼（叶成光 摄）

温州湾湿地每年记录的迁徙、越冬及度夏的鸟类达 200 多种，其中国家重点保护鸟类有黑鹳、遗鸥、卷羽鹈鹕、黑脸琵鹭、白枕鹤、小杓鹬、小青脚鹬和白腹鹞等。IUCN 鸟类保护名录受胁鸟类有 30 多种，包括濒危和受威胁的勺嘴鹬、青头潜鸭、东方白鹳、大滨鹬、黑脸琵鹭、大杓鹬和小青脚鹬等。被列入"中日候鸟保护协定"的鸟类有 80 多种，"中澳候鸟保护协定"的鸟类有 40 多种。近几年的调查记录显示，温州湾有 27 种水鸟达到国际重要湿地的 1% 标准。温州野鸟会调查人员记录到全球濒危水鸟勺嘴鹬 8 只（2013 年）、青头潜鸭 5 只（2019 年）、黑脸琵鹭 263 只（2019 年）、卷羽鹈鹕 124 只（2012 年），珍稀鸟类数量逐渐增多，由此可见，温州湾是迁徙鸟类重要的停歇地、繁殖地和候鸟越冬地。

温州湾湿地区位优势和水鸟资源独特，2009 年被国际鸟盟列为重要鸟区（见《中国大陆重要自然栖地——重点鸟区》）；2000 年灵昆岛东滩湿地被列入国家重要湿地；《浙江省湿地保护规划（2006—2020 年）》将温州湾湿地列入省重要湿地（图 3.34）。

图 3.34　温州湾水鸟迁徙和越冬地（戴美洁 摄）

2. 湿地保护及面临的威胁

为保护和可持续利用自然资源,温州湾每年实行伏季休渔制度,保护渔业资源。在温州湾建有南麂列岛国家级海洋公园、瑞安铜盘岛省级海洋特别保护区,设置了南北爿山省级海洋特别保护区。

提高保护意识。在自然保护区、野生动物重要栖息地、迁徙通道周边社区开展宣传教育,普及野生动物保护法律知识,提高社会公众遵纪守法意识,引导广大群众自觉抵制危害野生动物保护的非法行为,形成共同保护的良好氛围(图3.35)。

温州湾湿地面临的主要威胁是开发利用、污染和过度捕捞等。土地开发压力大,湿地面积日益减少,导致大量水鸟,尤其是鸻鹬类水鸟的觅食地及停歇地大量萎缩;近海工业开发造成的污染、渔民在温州湾湿地的无序养殖及防鸟网的设置均威胁迁徙鸟类的生存(图3.36)。

图3.35　2019年温州市林业局和温州野鸟会开展鸟类科普活动(王雄 摄)

图3.36　栖息于温州湾永强围垦区的卷羽鹈鹕(郑爱民 摄)

外来物种入侵。近海岸互花米草大面积繁殖,改变了大型底栖无脊椎生物的群落结构,影响了水鸟的栖息和觅食环境,破坏了滩涂湿地的生物多样性和稳定性。

3. 保护与发展的契机

(1)加大执法力度,打击非法贸易。针对温州湾是迁徙水鸟重要越冬地、停歇地及繁殖地的特点,温州市林业部门在鸟类迁徙季节,加大检查和执法力度。强化野外巡护,严防乱捕滥猎和损毁野生动物栖息地等违法活动,防止对鸟类集群活动造成干扰,严厉打击候鸟等野生动物非法贸易。温州市林业管理部门加强与地方公安、工商、城管执法等部门的执法信息交流,

第三章 最值得关注的十块滨海湿地

对乱捕滥猎、走私和非法出售、购买、利用野生动物的利益链条，形成多部门联合打击的高压态势。加大对来往交通要道的野生动物运输活动的检查力度，对违法猎捕和运输野生动物予以严厉查处。

（2）积极发挥民间组织力量。温州野鸟会常年在温州湾湿地组织鸟类调查、观鸟活动，并致力于推动温州湾湿地的保护工作。针对珍稀鸟类尤其是依赖温州湾的卷羽鹈鹕、黄嘴白鹭、黑脸琵鹭、青头潜鸭、勺嘴鹬等濒危鸟类开展科学研究，为建立鸟类自然保护区提供依据。

（3）积极申请国际重要湿地。建议当地政府将温州湾申请列为国际重要湿地，提升温州湾整体保护水平。

（七）福建兴化湾湿地[①]

兴化湾湿地位于福建省沿海中段，地跨莆田市和福清市，是福建省内最大的海湾，面积达49 674.26hm²，其中浅海水域面积为2177.13hm²，淤泥质海滩面积为11 483.16hm²，河口水域5597.49hm²。兴化湾略呈长方形，由西向东南展开，口门宽约13km，东南向为湾口，出南日群岛，经兴化水道和南日水道与台湾海峡相通。

兴化湾北部为福州市福清市，有野马屿、小麦屿、牛屿以及延伸入湾内的江阴岛。莆田市内有木兰溪、萩芦溪等河流注入湾内，秀屿区有黄瓜岛等（图3.37）。

图3.37 兴化湾位置图（徐莉 制图）

[①] 本部分共同作者：王翊肖

67

1. 湿地的特点及重要性

兴化湾湿地是福建省最大的滨海湿地，湿地生态系统多样，拥有浅海水域、岩石海岸（包括岛屿）、淤泥质海滩、潮间盐水沼泽、红树林、河口水域和水产养殖场等 7 种湿地类型。这里拥有大面积的淤泥质滩涂湿地，为众多珍稀野生动植物提供了赖以生存的栖息地（图 3.38，图 3.39）。

图 3.38 兴化湾外海滩涂（郑鼎 摄）

图 3.39 兴化湾湿地景观（王东 摄）

兴化湾湿地属南亚热带海洋性季风气候，深受季风环流的影响，冬无严寒，夏无酷暑。气候温和、光照充足，气候条件总体比较优越。多年年均气温20.2℃，年平均降水量997.5~1316mm，降雨主要集中在4~9月。

注入兴化湾的河流主要有木兰溪、萩芦溪、渔溪等。河流泥沙入海堆积和扩散，发育了西部湾顶宽阔平缓的淤泥质潮滩及现代河口水下三角洲。兴化湾在涨潮时，潮水流入南日水道和兴化水道，从东南往西北流向湾内，然后流到江阴岛东、西港，落潮流向则相反。海湾潮汐类型为正规半日潮，潮差大，是我国少见的大潮区，有明显的涨潮和落潮时间不等现象。

兴化湾生物资源丰富。根据第二次全国湿地资源调查，记录到湿地高等植物11科16属16种，主要植物群落类型包括南方碱蓬群落、红树林群落、盐地鼠尾粟群落、芦苇群落，主要优势种有南方碱蓬、盐地鼠尾粟、水烛、芦苇等。已查明的脊椎动物有112科335种，其中鱼类81科253种，两栖类6科12种，爬行类5科18种，哺乳动物8科12种。国家重点保护野生动物18种，其中国家一级保护动物2种，国家二级保护动物16种。

兴化湾湿地处于东亚-澳大利西亚迁飞区，是候鸟重要的停歇地和越冬地，水鸟资源非常丰富。研究文献记录，2005~2009年对兴化湾水鸟资源进行调查，兴化湾水鸟以鸻鹬类、鸥类和雁鸭类为主，每年迁徙、停歇此地的水鸟数量超过8万只，越冬的水鸟数量超过4万只。共记录水鸟84种，隶属于7目13科，列入国家重点保护野生动物的有黑脸琵鹭、白琵鹭等10种，其中国家一级保护野生动物有中华秋沙鸭、黑脸琵鹭，国家二级保护野生动物有白琵鹭、白额雁、小杓鹬等9种。福建省重点保护野生动物16种，世界自然保护联盟（IUCN）受胁物种名录有6种，如东方白鹳、黑脸琵鹭、中华秋沙鸭和小青脚鹬等；《中国濒危动物红皮书》中有9种，"中日候鸟保护协定"中有58种，"中澳候鸟保护协定"中有27种（图3.40）。

福建兴化湾是全球濒危物种黑脸琵鹭迁徙的停歇地和重要越冬地，越冬数量超过全球总数量的1%，是我国最大的黑脸琵鹭越冬地之一；黑嘴鸥的越冬数量也超过全球总数量的1%（图3.40）。

2001年，成立了福清兴化湾鸟类县级自然保护区，保护区面积为0.12万hm²，保护区以淤泥质滩涂、红树林和水产养殖场为主。2017年兴化湾湿地被福建省政府列入第一批省级重要湿地名录。

2. 湿地保护及面临的威胁

管理机构不健全。兴化湾受林业、环保、海洋与渔业、水利、农业、国土等多部门管理，

图 3.40 黑脸琵鹭（林长洛 摄）

权责不清，兴化湾湿地保护管理机构不健全，管理人员缺乏，只有科研单位做过多次科研监测。湿地本底资料匮乏，尚未对湿地进行全面的保护规划，福建省林业厅建议划建兴化湾保护区。福建省观鸟会早期也开展过福清兴化湾江镜农场区域的观鸟赛，组织部分观鸟人士参加湿地观鸟活动。

兴化湾湿地受到的主要威胁是基础设施用地和城市建设开发用地、水污染和滩涂养殖等。

福建省沿海超规划养殖问题普遍，造成局部海域富营养化；兴化湾地处海洋、河口，成为工农业废水排放的主要场所；这些污染日益积累，给湿地生态系统的演替带来很大影响，使湿地生态系统功能下降。

3. 保护与发展的契机

根据《福建省湿地保护修复制度实施方案》的规定，2017 年，福建省完成生态保护红线调整划定，2019 年底前，基本完成全省生态保护红线勘界定标，2020 年底前，基本建立生态保护红线制度。

严格管控围填海。2018 年 7 月，国务院印发了《国务院关于加强滨海湿地保护严格管控围填海的通知》文件，取消围填海地方年度计划指标，除国家重大战略项目外，全面禁止新增围填海项目审批。这一管控措施将有利于优先保护兴化湾湿地，维持湿地生态特征。

加强对兴化湾水鸟重要栖息地的保护。在适宜的区域划建自然保护区，加大保护力度，对退塘（垦）还湿地进行生态恢复。

严格管控工业、养殖业污染物排放，加强环境治理和督察，对违法排放污染物的企业和养殖户加强监管，严格未经处理的污染物排污。

提高全民湿地保护意识。积极开展宣传教育活动，提高公民湿地保护意识，宣传生态保护重要性。鼓励企业和民间组织积极参与对兴化湾湿地的保护。

（八）福建晋江围头湾湿地[①]

福建晋江围头湾位于福建省晋江市，东起晋江围头角，西至安海湾，围头湾湿地面积约为15 542.96hm²。自然岸线长约40km，为扁弓状浅水海湾，西南部水域与南安围头湾相连接。湾口朝南，安海湾为围头湾的港汊，有诸多岛礁横亘于湾口附近，与金门岛隔水相望（图3.41）。

图3.41　围头湾湿地位置图

1. 湿地的特点及重要性

围头湾湿地类型由浅海水域、岩石海岸、沙石海滩、淤泥质海滩、沙洲、河口水域和鱼塘构成。湿地土壤底质为砂泥质、砂质和泥砂型，区域内无大的河流，仅有小溪流入海。围头湾

---

① 本部分共同作者：陈志鸿

潮汐为正规半日潮，潮差较大，潮流受地形影响呈现稳定往复流。除围头湾西安海湾由于受城镇陆源污染，海水水质中无机氮和活性磷酸盐超标外，其他区域海水水质较好。

近年来，持续开展的近岸海域污染综合治理、入海小流域综合整治及海漂垃圾治理，使海洋生态环境逐年得到改善。2017年以来，渔民多次发现中华白海豚现身围头湾等海域，2018年3月记录最多达8只。围头湾水生动物为近海河口栖息物种，渔业资源结构以小型种类为主，优势种有六指马鲅、黄斑篮子鱼、日本蟳和叫姑鱼。

根据近4年的调查记录，围头湾水鸟有65种，其中受威胁鸟类5种，目前已连续4年记录到3或4只勺嘴鹬在围头湾越冬，最多记录有18只黑脸琵鹭在此越冬，其他易危鸟类还有大滨鹬、黑嘴鸥、黄嘴白鹭和遗鸥，越冬期记录水鸟数量可达5000只以上（图3.42，图3.43）。

图 3.42　围头湾的勺嘴鹬（林植 摄）

图 3.43　黑嘴鸥和黑腹滨鹬（林植 摄）

2. 湿地保护及面临的威胁

尚未建立保护机制。根据《福建省海洋功能区规划（2011—2020年）》，围头湾规划为港口、旅游和工业用海，尽管围头湾是迁徙水鸟越冬地，分布有多种濒危水鸟，但是缺乏水鸟监测数据，围头湾滨海湿地尚未列入国家重要湿地名录，也未建立任何形式的自然保护区、湿地公园和保护小区。野生动物保护力度尚需加强，并尽快将该区域纳入福建省重点保护湿地。

尚无管理机构。围头湾行政上由晋江市金井、英林、东石和安海4个镇管辖，但没有明确管理主体的具体职责。2018~2019年，渔业部门在围头湾放流渔业苗种上亿尾，丰富围头湾的生物多样性。近年来，晋江全面落实河长制，通过入海流域治理，减少入海陆源污染物，改善海水质量。

晋江围头湾面临的主要威胁有水产养殖、城镇污水排放、外来物种入侵。围头湾湿地周边已规划工业区、城镇用地，工业、水产养殖和生活污水排放直接影响围头湾野生鱼类的繁衍生存及迁徙水鸟的栖息地安全。此外，还有外来物种入侵问题，目前已查明围头湾的互花米草面积达263.64hm^2（图3.44）。

图3.44　围头湾生长的互花米草（林植 摄）

3. 保护与发展的契机

（1）加强湿地保护。2019年底前，完成福建省生态保护红线勘界定标，将以县级行政区为基本单元，编制生态保护红线登记表。对红线以外，福建省还将划定黄线，对市域、县域生态安全十分重要的地区，在国土开发利用中限制进行大规模、高强度土地开发，允许适度的不影响主导生态功能的开发建设活动，以保持区域生态产品供给能力，划定红线以外受保护的地区是对红线区域的重要补充。

（2）将湿地保护纳入地方政府日常工作中。鉴于晋江围头湾湿地类型多样，既拥有全球濒危迁徙动物，又有良好的水体吸引珍稀动物中华白海豚和野生鱼类，且保留着较完整的自然海岸线。为了保护好这片难得的湿地，建议尽快将该湿地纳入地方重要保护湿地名录，强化当地政府对湿地的管理，建立健全湿地保护管理机构；加强湿地及水鸟监测；科学地协调养殖与湿地保护的关系；建立污水处理系统，减少城镇生活污水直排；加大对公众的宣传力度，鼓励多方参与湿地的保护；探讨湿地生态补偿机制。

（九）福建泉州湾湿地[①]

福建泉州湾河口湿地位于泉州两条主要河流晋江和洛阳江的入海口。泉州湾河口湿地以泉州湾河口为主体，涉及惠安县、洛江区、丰泽区、晋江市、石狮市，保护区总面积为0.67万 hm^2。泉州湾河口湿地类型为潮间带盐水沼泽、红树林、河口水域、三角洲/沙洲和水产养殖场（图3.45）。

1. 湿地的特点及重要性

泉州湾河口湿地陆地地貌属于冲积平原、海积平原、风成沙地等，海岸地貌包括海蚀地貌和海积地貌，海底地貌包括水下浅滩、深槽。泉州湾拥有河口、滩涂、红树林、近海等多样化的生态系统。泉州湾河口湿地属于海洋性季风气候，多年平均气温为20.4℃，年均降水量为1095.4mm，为台风多发区。

泉州湾河口湿地自然保护区的主要保护对象是沿海滩涂湿地、红树林及其自然生态系统。

泉州湾河口湿地自然保护区内生物多样性丰富。根据第二次全国湿地资源调查，已查明湿地有高等植物39科92属119种。国家重点保护野生植物2种，其中喜盐植物26种。泉州湾

---

① 本部分共同作者：江航东

图 3.45　泉州湾湿地位置

有天然红树植物 3 科 3 属 3 种，其中红树林植物有秋茄、桐花树、白骨壤等，泉州湾毗邻的 5 个市（区）沿海滩涂都有红树林，其中以惠安洛阳江红树林核心区的红树林分布最多。外来入侵物种 8 科 12 属 13 种。主要有浮游植物 104 种，其中硅藻 86 种、甲藻 16 种、蓝藻 2 种，隶属于 143 属 51 科。

调查发现鱼类 17 目 63 科 147 种，哺乳类 6 目 11 科 22 种，两栖类 1 目 5 科 14 种，爬行类 2 目 11 科 35 种。浮游动物 82 种，底栖动物 169 种。根据福建观鸟会的调查，在泉州湾河口湿地自然保护区记录的 213 种鸟类中，国家保护鸟类 38 种，"中日候鸟保护协定"鸟类 78 种，"中澳候鸟保护协定"鸟类 39 种。因其特殊的地理位置和丰富的生物资源，泉州湾已成为中国亚热带河口湿地的典型代表，入选中国优先保护生态系统和"中国重要湿地名录"（图 3.46，图 3.47）。

泉州湾有国家一级保护动物中华白海豚、中华鲟、文昌鱼等。值得一提的是二三十年前，中华白海豚越来越少见，人们以为它们已不在这片海域栖息。直到 2016 年，中华白海豚的身影再次出现在石井海域。此后，泉州海域不时可见到它们的身影。据了解，石井海域有多种海豚，中华白海豚只是其中的一种，其他海豚属于国家二级保护动物，数量较多，较常见。白海豚的出现，一定程度上反映出海域水质良好和海洋生物的多样性。

图 3.46 在鱼塘上空飞行的水鸟（郑小兵 摄）

图 3.47 退潮时向滩涂飞去的水鸟群（郑小兵 摄）

2. 湿地保护及面临的威胁

建立健全保护机制。泉州湾河口湿地是中国重要湿地之一，是中国亚热带河口滩涂湿地的典型代表。2000年被列入《中国湿地保护行动计划》的"中国重要湿地名录"。2003年经福建省政府批准成立泉州湾河口湿地省级自然保护区，并建立保护区管理机构，以保护辖区内的湿地生态系统、候鸟栖息地和红树林。目前，泉州湾省级湿地自然保护区配备专门管理人员，并聘用一定数量的护林员（巡护员），加强保护区巡护管理。保护区均建立较为完善的日常巡查管理制度。

加强保护，多部门联合执法。泉州湾河口湿地保护区所辖丰泽区政府出台了相关养殖补偿政策，对养殖户给予补偿。泉州农林水局、海洋与渔业局等部门根据《自然保护区条例》，依法禁止湿地保护区核心区域内的围海养殖行为。

携手保护中华白海豚。厦门、漳州和泉州三市海洋与渔业局签订"关于建立中华白海豚及栖息地保护合作机制协议书"。三市建立了中华白海豚及栖息地保护联席会议制度和信息通报制度、观测监测、涉海工程对中华白海豚及栖息地影响的协同保护、科学研究、联合执法等7项合作机制。

泉州湾湿地土地开发强度大，主要开发活动包括码头建设、航运、水产养殖、捕捞、围海筑堤、旅游等（图3.48）。一些大型工程，如跨海通道工程、泉州市后渚至城东穿越泉州湾湿地省级保护区实验区和实验区占有湿地、采挖海沙等违法行为也造成湿地破坏，由于缺乏统一管理，泉州湾湿地大量消减。

图3.48 泉州湾南岸退潮后的滩涂和水鸟（郑小兵 摄）

外来物种入侵。泉州湾于1982年引种互花米草，至今已对当地生态系统产生较大的负面影响，影响了红树林等本土植物的生长，并影响到滩涂养殖和水流畅通，解决外来物种对本地生态系统的影响是保护区面临的首要问题。第二次全国湿地资源调查显示，泉州湾互花米草面积有932.68hm^2，占泉州湾湿地面积的10.19%。

水体污染严重。泉州湾水体污染源来自工农业、生活、养殖业、晋江和洛阳江陆源污染以及湾内船舶排放的含油的废水等。作为福建省国家重要湿地，泉州湾湿地还面临着基础设施和城市建设等威胁。

3. 保护与发展的契机

泉州市政府将推进生态环境治理，守住环境安全底线，开展生态文明建设试点。强化海洋生态环境保护，合理开发和保护岸线、海湾等资源，将生态功能重要区域、生态环境敏感脆弱区域纳入生态保护红线。到2020年形成生态保护红线全市"一张图"；加强全过程监管，制定实施保护修复方案，实现一条红线管控重要生态空间，确保生态功能不降低、面积不减少、性质不改变。同时，坚决查处生态破坏行为。

保护立法，守护蓝色泉州湾。2019年，两会推动流域治理由重点流域（含近海水域）向小流域延伸拓展，真正实现了从水域到陆域、从河岸到海岸、从源头到入海的全市流域水环境保护工作全覆盖。目前，《泉州市晋江洛阳江流域水环境保护条例》（草案）已列入泉州市人大常委会2019年立法计划。

加强生态环境保护，打好污染防治攻坚战。到2020年，晋江流域水质达到国家和省考核要求，小流域水质达到或优于Ⅲ类的比例达90%以上，近岸海域水质优良（Ⅰ类、Ⅱ类）比例不低于当年省级下达指标。

为迁徙水鸟营造高潮位的停歇地。泉州湾南部围垦整治完成后，原本栖息于此的鸻鹬类水鸟面临着缺少高潮位停歇地的困境，2019年4月的调查数据显示，在该区域停歇的鸻鹬类数量较往年显著减少，考虑到每年冬季会有2万~4万只水鸟在此越冬，大多数需要高潮位停歇地，因此，如何为水鸟营造高潮位停歇地将是泉州湾越冬鸟类保护工作的一个重要课题。

（十）海南儋州湾湿地[①]

儋州湾湿地位于海南省儋州市中北部，洋浦大桥东边，毗邻海花岛，面积为41.14km^2，海

---

① 本部分共同作者：卢刚

岸线曲折,全长 50km 以上。春马大桥从儋州湾横穿而过。儋州湾湿地周边分布有洋浦经济开发区、新州镇、白马井镇和木棠镇。儋州湾是火山海岸红树林湿地,也是重要的水鸟栖息地。儋州湾于 2000 年被列入《中国湿地保护行动计划》中的"中国重要湿地名录",是首批国家重要湿地(图 3.49)。

图 3.49　儋州湾湿地位置(赵宁 制图)

1. 湿地的特点及重要性

儋州湾湿地在岛屿和洋浦鼻形成天然屏障的保护下,发育形成了浅海水域、河口水域、沙石海滩、红树林、海草床、淤泥质海滩、盐田等类型多样的滨海湿地。儋州湾属于热带季风气候,年降水量为 1400~1600mm,年平均气温为 23℃,潮差为 1.5~2.0m,多有沙质沉积物(图 3.50)。

图 3.50　儋州湾海草床(卢刚 摄)

儋州湾分布有广阔的红树林和海草床，拥有丰富的动植物资源。红树林以红海榄为主，其次是木榄、秋茄、角果木、桐花树、海莲等。海草床分布在南侧的春马大桥一带，种类以喜盐草为主。儋州湾内大面积的红海榄和海草床在我国具有独特性（图 3.51）。

图 3.51　儋州湾红树林（卢刚 摄）

儋州湾是海南鸥类的主要越冬地之一，每年可以观察到数百只红嘴巨燕鸥和银鸥。2017~2019 年连续观测到十多只黑脸琵鹭在此越冬，成为海南第三大黑脸琵鹭越冬地。洋浦的"千年古盐田"是我国海盐晒制历史的见证，现已成为著名的旅游景点。它承载了当地深厚的历史文化，对宣传滨海湿地价值具有重要意义（图 3.52）。

图 3.52　儋州湾的黑脸琵鹭（左）和千年古盐田（右）（卢刚 摄）

2. 湿地保护及面临的威胁

1986年设立儋州新盈红树林市级自然保护区，归儋州市林业局管理。儋州市林业局正在申请成立专门的湿地保护管理机构，逐步开展湿地保护及监测工作，红树林已作为生态公益林配备专职护林员进行日常巡护、保护。

儋州市生态环境局公布了严守海岸带生态保护红线，严格保护海岸带湿地，全面实施海岸带开发规划管控，建立海岸带管理责任制。

积极拓宽湿地保护国际合作。儋州湿地保护也得到全球环境基金（GEF）海南湿地保护体系项目的支持。近年来，该项目积极提升儋州新盈红树林市级自然保护区的管理能力，并在儋州市组织召开了两次湿地保护研讨会，借助海南GEF项目，提高了儋州市湿地保护管理水平（图3.53）。

图3.53 海南省GEF湿地项目成果发布会（卢刚 摄）

保护区与海南观鸟会合作，开展冬季水鸟调查，积累儋州湾湿地水鸟本底资料。今后将加大对该区域鸟类及其栖息地的调查与监测，组织人员定期对保护区进行巡护，强化对水鸟及栖息地的保护工作。

目前，保护区存在一些亟待解决的问题。保护区尚未划定边界，保护经费不到位。保护区本底资源不清。儋州新盈红树林市级自然保护区没有对儋州湾生物资源开展过系本底调查，亦未编制保护区保护管理规划。因此对儋州湾红树林和海草床生态系统需要进行较为全面的调查研究。

（1）加大退塘还湿（林）力度。儋州市还有约1000亩养殖塘没有退出，加大儋州湾清理整顿工作将有助于滨海湿地的恢复和保护。

（2）违规侵占海岸带。20世纪90年代进行"黄金海岸"大开发，在儋州湾沿岸开挖了大片养殖塘，且滩涂贝类养殖密度过大。虽然海南省相关法律法规对海岸带范围内的开发活动有严格限制，但是沿海市（县）对此重视不够，执法不力，导致海岸带侵占破坏问题十分突出。海岸带无序粗放建设、房地产开发和养殖等违法违规项目占用大量优质海岸线资源。

（3）渔业养殖。儋州市濒临北部湾，港湾众多，较大的港湾有儋州湾、洋浦湾和后水湾。近海渔场资源丰富，经济价值高的鱼类较多。儋州市现有近海水产养殖面积2771hm^2，近海海域和陆域均面临着水体污染威胁。

（4）周边填海工程的威胁。儋州湾出口的南北两侧分别为恒大地产海花岛填海工程和洋浦港。大量的填海工程给周边区域湿地生态和水文造成一定影响，这些影响还有待研究和评估。

（5）外来物种入侵。2015年首次在儋州湾发现互花米草，这是海南省互花米草已知的唯一分布点。当地林业部门已采取了一些措施防止其蔓延，但互花米草的入侵并未得到有效根除。

3. 保护与发展的契机

（1）规范和发展绿色养殖业。农业农村部制定出台了《关于促进水产养殖业绿色发展的指导意见》，指导海岸带范围内水产养殖业规范整治及绿色转型升级，划定或调整水产养殖禁养区、限养区和养殖区，落实管控措施，确保水产养殖业有序健康发展。根据农业农村部、海南省和儋州市有关规定，2018年9月，儋州市政府已发布实施了《儋州市养殖水域滩涂规划（2018—2030年）》。针对海水养殖现状，需要逐步搬迁和关停在禁止养殖区的水产养殖活动，养殖区内重点发展网箱养殖、底播养殖，建立海洋牧场。

（2）控制污染。科学规定养殖密度，合理投饵和使用药物，防止造成水体污染；结合乡村振兴发展战略，加强对农村固体废弃物的收集与处理；引入社会监督，加强环境执法检查。

（3）本底调查。儋州市林业局将对儋州湾湿地进行全面本底调查，摸清资源。在此基础上，制定科学的保护规划，将分散、保存完好的红树林和海草床纳入保护范围内。

（4）开展生态修复。2018年，儋州市林业局出台了《儋州市湿地保护修复制度实施方案》，该方案提出建立儋州湾湿地公园。为进一步加强资源保护和合理利用，计划建立儋州湾湿地公园，将保护区内的湿地与湿地公园连接起来，使儋州湾湿地得到有效保护和可持续利用。

沿海保护区湿地生态系统服务价值评估

第四章

中国沿海湿地保护绿皮书（2019）

本章主笔作者：李晓炜、于秀波、侯西勇、刘玉斌、李卉、
周杨明、夏少霞、刘宇、段后浪、王玉玉、窦月含、杨萌

一、沿海湿地生态系统服务分类

按照千年生态系统评估（Millennium Ecosystem Assessment，MA），综合 Daily（1997）和 Costanza 等（1997）的研究成果给出的定义，生态系统服务为人们从生态系统中所获得的利益（Millennium Ecosystem Assessment，2005）。生态系统服务的分类是生态系统服务评价研究的前提，本章参照 MA 研究报告 Ecosystem and Human Well-being：Wetlands and Water Synthesis（Millennium Ecosystem Assessment，2005）中的湿地生态系统服务的分类和性质，对应沿海湿地健康指数指标，结合实际数据的可获得性，针对中国沿海保护区湿地生态系统的供给服务、调节服务、文化服务、支持服务共四大类 9 项服务进行价值评估。其中，供给服务（provisioning service）是指生态系统为人们的生存和发展直接提供的各种产品或物质，包括食物供给和原材料供给；调节服务（regulating service）是指从生态系统过程的调节作用中获得的收益，包括消浪护岸（海岸防护）、净化水质、蓄水调节、碳储存；文化服务（cultural service）是指人们通过精神感受、主观印象、消遣娱乐和美学体验从生态系统中获得的非物质利益，包括旅游休闲和地方感（地方感主要是指人们从在湿地附近生活、参与构成湿地景观或单纯知道这些地方和它们的特有物种存在中获得文化认同感或者感知价值，是人们对湿地文化、精神、审美等无形价值的认知）；支持服务（supporting service）是指保证和支撑以上生态系统服务的产生所必需的基础服务，包括栖息地服务。

二、沿海湿地生态系统服务价值评估方法

（一）生态系统服务价值量化方法

针对沿海 35 个国家级自然保护区湿地的 9 类生态系统服务，结合数据的可获得性，主要采用物理量评估和价值量评估两种方法，对各项服务价值进行量化。各项生态系统服务具体的量化和计算方法请参阅附录。

（二）评估指标参数库的构建及数据处理方法

根据沿海湿地生态系统服务价值量化方法，针对沿海不同湿地类型，进行相关参数的收集与整理工作，构建沿海湿地生态系统服务价值评估指标参数库，数据主要源于统计年鉴、文献数据及开源数据库等。针对具体评估指标（氮去除率、磷去除率、碳密度、各类湿地

单位面积、消浪护岸、栖息地、旅游、存在价值等），通过中国知网（https://www.cnki.net）、ScienceDirect（https://www.sciencedirect.com）等文献数据库，进行相关词条的文献检索，共筛选出339篇相关文献，针对研究区湿地类型和区域特征，对文献中的数据进行判断、筛选和整理，最终得到本章所需基础数据（表4.1）。

表4.1 构建的沿海湿地生态系统服务评估指标参数数据库

一级分类	二级分类	评估指标	数据及参考文献
供给服务	食物供给	养殖量（鱼、虾、贝、蟹）	湿地所在市（县）统计年鉴数据
	原材料供给	湿地植物年生物量（NPP） 原盐产量	2015年NPP 原盐单产
调节服务	消浪护岸	单位面积消浪护岸价值	9篇文献19条数据
	净化水质	氮、磷去除率	35篇文献176条数据
	蓄水调节	年蓄水量	数字高程模型（DEM）数据
	碳储存	地上植被、地下植被、凋落物及土壤碳密度	110篇文献529条数据 红树林分布数据
支持服务	栖息地服务	湿地单位面积栖息地价值	28篇文献46条数据
文化服务	旅游休闲	湿地单位面积旅游价值	28篇文献46条数据
	地方感	湿地单位面积地方感价值	
服务价值单价表	13篇文献38条数据		

针对氮、磷去除率和碳密度等参数，基于文献获得的数据（包括氮去除率、磷去除率、碳密度及其对应的湿地类型、年均温、年降水量、纬度、经度、研究年份等信息），在ArcGIS 10.2中，使用Geostatistical Analyst里面的普通克里金法，对文献数据进行空间插值，结合保护区空间矢量数据，从而得到各保护区各类湿地的氮、磷去除率和碳密度等参数。

（三）价值评估指标

为了更深入地揭示中国沿海国家级自然保护区湿地生态系统服务价值的特征，本章应用以下评估指标对该区域湿地价值进行分析。

1. 湿地的直接价值

湿地的直接价值主要指湿地生态系统产生的产品的价值，它包括水产品、原盐及其他生产原料、旅游休闲等产生的直接价值，直接利用价值可用产品的市场价格来估算。$V_d = V_f + V_m + V_t$，

其中 V_f、V_m、V_t 依次为湿地食物供给、原材料供给、旅游休闲服务的价值量。

2. 湿地的间接价值

湿地的间接价值主要指无法商品化的湿地生态系统服务功能价值，如净化水质、消浪护岸等产生的间接利用价值，间接利用价值的评估需要根据湿地生态系统服务功能的类型来估算。$V_u=V_w+V_q+V_i+V_c+V_s+V_h$，其中 V_w、V_q、V_i、V_c、V_s、V_h 依次为湿地消浪护岸、水质净化、蓄水调节、碳储存、地方感、栖息地服务的价值量。

3. 湿地生态系统服务总价值

计算出各个保护区湿地生态系统服务的总价值：$V_g=V_d+V_u$，其中 V_d 为湿地直接价值，V_u 为湿地间接价值。

三、沿海国家级保护区湿地生态系统服务价值评估结果

本章以沿海 35 个国家级自然保护区的湿地作为评估对象，所涉及的湿地类型包括河渠、湖泊、水库坑塘、滩地、滩涂、河口、河口三角洲、红树林、潟湖、浅海水域、珊瑚礁、盐田、养殖区域等。这 35 个国家级自然保护区中有 12 块国际重要湿地和 23 块国家重要湿地，孕育了丰富的生物多样性，为沿海区域提供了不可替代的生态系统服务。

（一）不同自然保护区单位面积生态系统供给服务价值

因本章评估的 35 个国家级自然保护区从南到北广布于中国沿海，因此从经纬度及植被类型的角度分析其对生态系统服务的影响，对 35 个国家级自然保护区进行了单一生态系统服务单位面积价值对比分析，并且仅计算在产生该项服务的湿地类型中的单位面积价值，重点关注的生态系统服务类型为食物供给、原材料 - 植物资源供给（图 4.1）。结果表明，对于食物供给服务，福建闽江河口湿地国家级自然保护区的单位面积服务价值最高（为 39.45 万元 /hm²），其次为福建漳江口红树林国家级自然保护区和江苏盐城湿地珍禽国家级自然保护区（分别为 38.43 万元 /hm² 和 35.3 万元 /hm²）。对于原材料 - 植物资源供给服务，广西合浦儒艮国家级自然保护区和广东内伶仃岛 - 福田国家级自然保护区单位面积服务价值最高（分别为 32.62 万元 /hm² 和 29.78 万元 /hm²），其次为广西北仑河口红树林国家级自然保护区和海南东寨港红树林国家级自然保护区（分别为 18.63 万元 /hm² 和 16.38 万元 /hm²）。

单位面积服务价值/(万元/hm²)

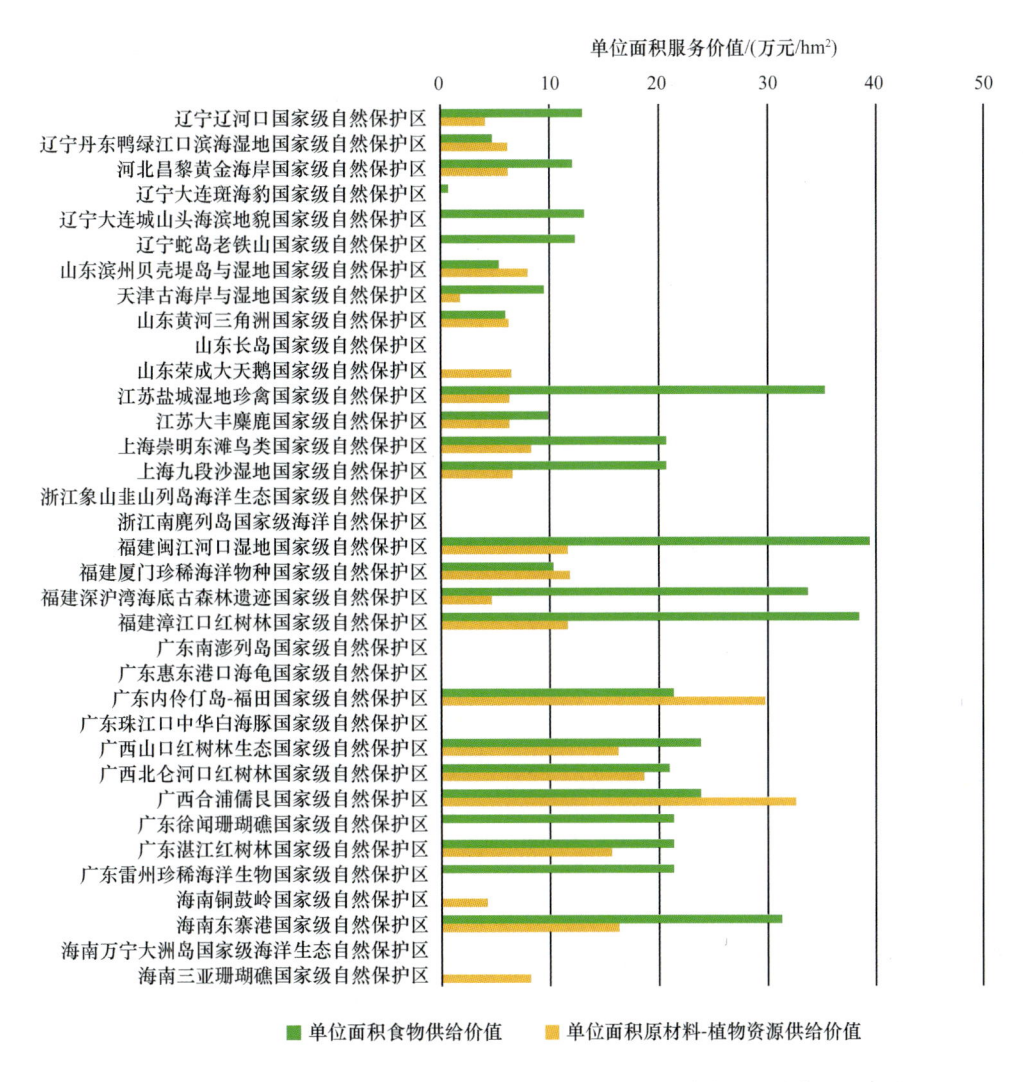

图 4.1　35 个国家级自然保护区两类生态系统服务单位面积价值对比

（二）不同类型的自然保护区湿地生态系统服务价值构成对比

在中国沿海 35 个国家级自然保护区中，保护对象或生态系统类型有所不同，例如，有岛屿的自然保护区、有珊瑚礁的生态系统保护区、为保护特殊地质地貌建立的保护区、为保护珍稀动物建立的保护区、有河口湿地生态系统的保护区、为保护红树林生态系统建立的保护区、针对沿海湿地建立的保护区，通过对各类保护区的价值量构成进行对比，分析了不同类型保护区湿地提供生态系统服务价值构成的特点和差异（图 4.2）。

相同类型的保护区，展示出生态系统服务价值比例的一些共同特征：岛屿保护区和珍稀动物保护区普遍显示出较高比例的栖息地服务价值，其次旅游休闲服务价值也较高；珊瑚礁保护区显示出较高比例的消浪护岸服务价值，其次栖息地服务价值也较高；针对特殊地质地貌建

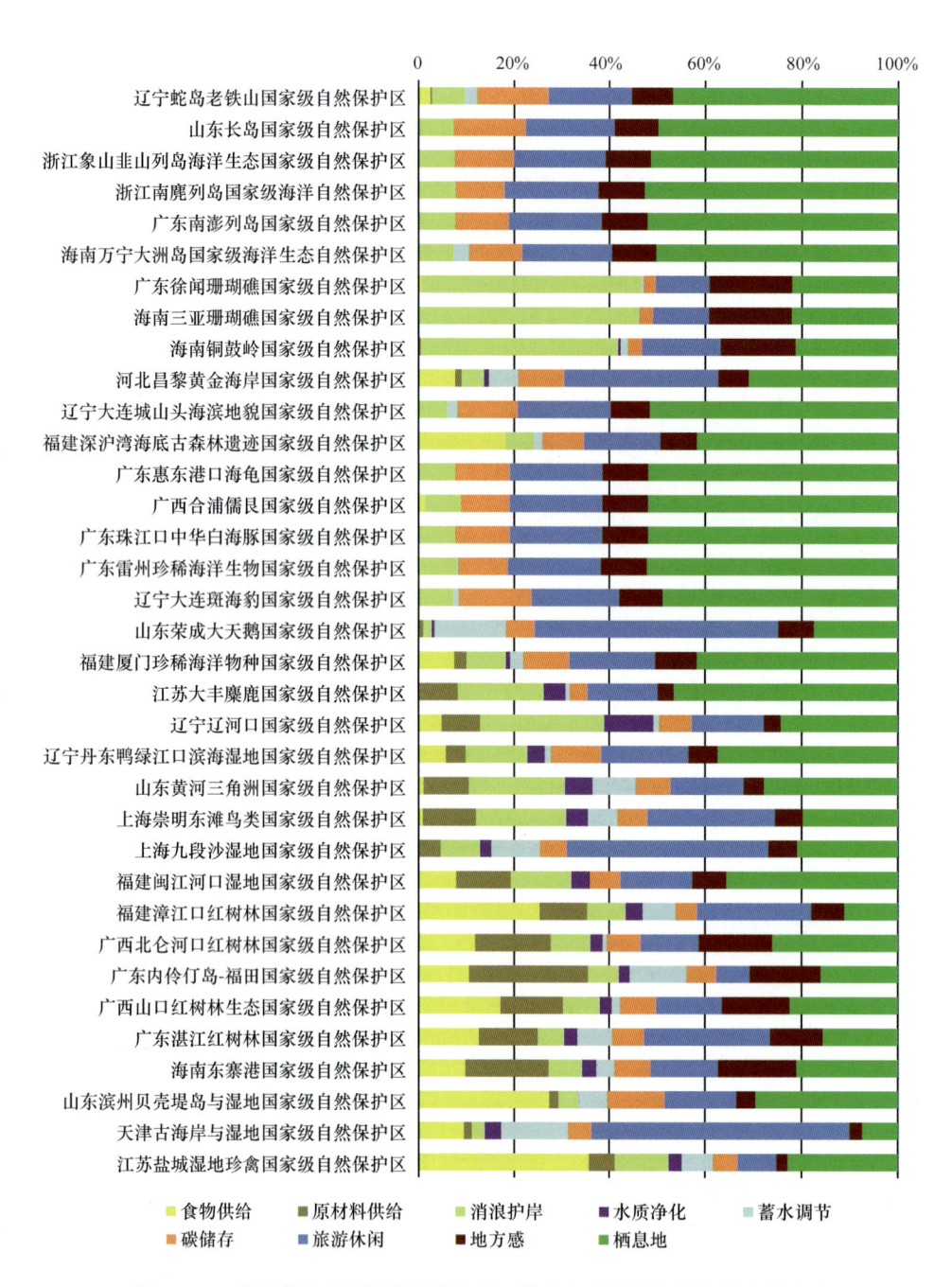

图 4.2 35个国家级自然保护区湿地的9类生态系统服务价值量比例对比

立的保护区显示出较高比例的旅游休闲和栖息地服务价值；河口保护区显示出较高比例的栖息地服务价值，另外也显示出较高比例的消浪护岸服务价值，尤其是北方区域，这一特征较为明显；红树林保护区显示出较高比例的栖息地、食物供给和原材料服务价值；湿地保护区显示出较高比例的食物供给服务价值；岛屿保护区、特殊地质地貌保护区、珊瑚礁保护区和珍稀动物保护区湿地生态系统服务价值主要由栖息地、旅游休闲、碳储存、地方感和消浪护岸 5 类服务构成，其他 4 类服务占比较小，河口保护区、红树林保护区和湿地保护区湿地的 9 类生态系统服务价值占比较为均匀，各项服务均有一定比例。相同类型保护区展示出共性的同时，也展示出一些差异。例如，珍稀动物保护区中，山东荣成大天鹅国家级自然保护区占比较高的湿地生态系统服务为旅游休闲服务，该项服务比例高于栖息地服务；湿地保护区中，天津古海岸与湿地国家级自然保护区占比较高的湿地生态系统服务为旅游休闲服务，该项服务比例高于食物供给服务。

（三）不同类型湿地生态系统服务单位面积价值

基于 35 个国家级自然保护区各个类型湿地的生态系统服务价值评估结果，对 13 类湿地的 9 类生态系统服务的单位面积平均价值进行了计算，结果如表 4.2 所示，13 类湿地中，生态系统服务价值最高的为滩地（90.24 万元/hm^2），其次是红树林和珊瑚礁（分别为 50.24 万元/hm^2、35.70 万元/hm^2），最低的为盐田（3.25 万元/hm^2）。

13 类湿地中，食物供给单位面积价值最高的湿地类型为养殖（19.18 万元/hm^2），原材料供给单位面积价值最高的湿地类型为红树林（20.23 万元/hm^2），消浪护岸单位面积价值最高的湿地类型为珊瑚礁（16.52 万元/hm^2），水质净化单位面积价值最高的湿地类型为滩地（4.59 万元/hm^2），蓄水调节单位面积价值最高的湿地类型为水库坑塘（14.04 万元/hm^2），碳储存单位面积价值最高的湿地类型为红树林（3.82 万元/hm^2），旅游休闲单位面积价值最高的湿地类型为滩地（60.43 万元/hm^2），地方感单位面积价值最高的湿地类型为红树林（14.20 万元/hm^2），栖息地单位面积价值最高的湿地类型为滩涂（16.66 万元/hm^2）。

河渠和湖泊虽然有较高的旅游休闲服务价值（17.37 万元/hm^2），但其栖息地服务价值（河渠为 2.35 万元/hm^2，湖泊为 2.12 万元/hm^2）却低于滩涂、河口三角洲、滩地等湿地类型（分别为 16.66 万元/hm^2、4.30 万元/hm^2、6.35 万元/hm^2），鉴于中国海岸带在生物多样性保护方面的重要地理位置，应在海岸带湿地生态修复工程设计阶段注重栖息地服务方面的修复，更多地考虑栖息地服务价值高的湿地类型（滩涂、河口三角洲、滩地）作为优先修复目标。

就生态系统服务总价值而言，盐田单位面积价值为 3.25 万元/hm^2，养殖单位面积价值为 20.19 万元/hm^2，近 30 年来，在自然保护区之外，中国沿海区域的自然湿地有被开发为盐田、养殖区的趋势（Murray et al.，2014；WWF，2014），然而，与自然湿地相比，盐田和养殖区的单位面积间接价值较低，这也从生态系统服务价值的角度显示了自然保护区的重要性。

表4.2　35个国家级自然保护区不同类型湿地生态系统服务单位面积平均价值（单位：万元/hm²）

湿地类型	食物供给	原材料供给	消浪护岸	水质净化	蓄水调节	碳储存	旅游休闲	地方感	栖息地	总计
河渠	0.00	0.00	0.00	0.00	7.87	1.38	17.37	2.54	2.35	31.51
湖泊	0.00	0.00	0.00	0.00	7.09	1.38	17.37	2.54	2.12	30.50
水库坑塘	0.00	0.00	0.00	0.00	14.04	1.38	1.60	0.93	1.58	19.53
滩地	0.00	4.1	3.08	4.59	8.29	2.73	60.43	0.67	6.35	90.24
滩涂	0.00	0.00	0.64	0.00	0.00	0.91	3.23	0.78	16.66	22.22
河口	0.00	0.00	0.64	0.00	0.00	1.08	3.23	0.78	4.30	10.03
潟湖	0.00	6.19	2.76	3.99	7.09	0.95	1.60	0.09	1.03	23.70
浅海水域	0.00	0.00	0.64	0.00	0.00	1.18	1.62	0.78	4.30	8.52
盐田	0.00	0.99	0.32	0.00	0.00	1.44	0.00	0.00	0.50	3.25
养殖	19.18	0.00	0.32	0.00	0.00	0.69	0.00	0.00	0.00	20.19
红树林	0.00	20.23	5.11	2.72	0.00	3.82	1.71	14.20	2.45	50.24
河口三角洲	0.00	5.73	11.33	4.29	0.00	1.58	3.23	0.78	4.30	31.24
珊瑚礁	0.00	0.00	16.52	0.00	0.00	1.18	4.03	6.09	7.88	35.70

注：蓄水调节因其计算数据的可获得性，取具体保护区的单位面积均值

（四）35个国家级自然保护区湿地生态系统服务价值

基于对各个生态系统服务价值的评估结果，根据价值评估指标，计算了35个国家级自然保护区湿地的直接价值和间接价值（表4.3），并汇总分析了每个保护区的湿地总价值。

35个国家级自然保护区湿地生态服务价值为0.17亿~524.72亿元，江苏盐城湿地珍禽国家级自然保护区湿地生态系统服务价值最大，广东惠东港口海龟国家级自然保护区湿地生态系统服务价值最小，每个保护区的湿地面积大小是影响该保护区湿地生态系统服务价值量的因素；35个国家级自然保护区湿地的直接价值为0.03亿~258.24亿元，江苏盐城湿地珍禽国家级自然保护区湿地的直接价值最大，广东惠东港口海龟国家级自然保护区湿地的直接价值最小；35个国家级自然保护区湿地的直接价值占比为12%~65%，其中天津古海岸与湿地国家级自然保护区湿地的直接价值占比最高，而海南三亚珊瑚礁国家级自然保护区和广东徐闻珊瑚礁国家级自然保护区湿地的直接价值占比最低；35个国家级自然保护区湿地的间接价值为0.14亿~266.48亿元，江苏盐城湿地珍禽国家级自然保护区湿地的间接价值最大，广东惠东港口海龟国家级自然保护区湿地的间接价值最小。35个国家级自然保护区湿地的间接价值占比为35%~88%，其中海南三亚珊瑚礁国家级自然保护区和广东徐闻珊瑚礁国家级自然保护区湿地的间接价值占比最高，而天津古海岸与湿地国家级自然保护区湿地的间接价值占比最低。

表4.3 35个国家级自然保护区湿地的直接价值和间接价值

序号	保护区名称	直接价值（亿元）	直接价值占比（%）	间接价值（亿元）	间接价值占比（%）
1	辽宁辽河口国家级自然保护区*	58.76	28	151.71	72
2	辽宁丹东鸭绿江口滨海湿地国家级自然保护区	26.97	28	68.68	72
3	河北昌黎黄金海岸国家级自然保护区	0.96	41	1.36	59
4	辽宁大连斑海豹国家级自然保护区*	36.59	19	159.07	81
5	辽宁大连城山头海滨地貌国家级自然保护区	0.04	18	0.18	82
6	辽宁蛇岛老铁山国家级自然保护区	0.65	20	2.55	80
7	山东滨州贝壳堤岛与湿地国家级自然保护区	30.35	44	38.32	56
8	天津古海岸与湿地国家级自然保护区	33.93	65	18.34	35
9	山东黄河三角洲国家级自然保护区*	61.59	26	177.13	74
10	山东长岛国家级自然保护区	22.07	19	95.96	81
11	山东荣成大天鹅国家级自然保护区	1.42	52	1.32	48
12	江苏盐城湿地珍禽国家级自然保护区*	258.24	49	266.48	51
13	江苏大丰麋鹿国家级自然保护区*	1.00	23	3.33	77
14	上海崇明东滩鸟类国家级自然保护区*	18.85	39	29.95	61
15	上海九段沙湿地国家级自然保护区	31.10	47	35.41	53
16	浙江象山韭山列岛海洋生态国家级自然保护区	12.84	19	53.55	81
17	浙江南麂列岛国家级海洋自然保护区	2.53	20	10.22	80
18	福建闽江河口湿地国家级自然保护区	1.05	34	2.01	66
19	福建厦门珍稀海洋物种国家级自然保护区	4.33	28	11.04	72
20	福建深沪湾海底古森林遗迹国家级自然保护区	2.84	34	5.46	66
21	福建漳江口红树林国家级自然保护区*	2.07	59	1.43	41
22	广东南澎列岛国家级自然保护区	1.19	20	4.88	80
23	广东惠东港口海龟国家级自然保护区*	0.03	18	0.14	82
24	广东内伶仃岛-福田国家级自然保护区	0.44	42	0.60	58
25	广东珠江口中华白海豚国家级自然保护区	7.57	20	31.14	80
26	广西山口红树林生态国家级自然保护区*	5.22	44	6.65	56
27	广西北仑河口红树林国家级自然保护区*	4.11	40	6.22	60
28	广西合浦儒艮国家级自然保护区	4.54	21	17.30	79
29	广东徐闻珊瑚礁国家级自然保护区	6.39	12	47.43	88
30	广东湛江红树林国家级自然保护区*	29.46	51	28.08	49
31	广东雷州珍稀海洋生物国家级自然保护区	4.42	20	17.64	80
32	海南铜鼓岭国家级自然保护区	1.02	17	5.02	83
33	海南东寨港国家级自然保护区*	5.96	41	8.46	59
34	海南万宁大洲岛国家级海洋生态自然保护区	0.04	20	0.16	80
35	海南三亚珊瑚礁国家级自然保护区	9.54	12	71.04	88

注：标*的是国际重要湿地

（五）湿地生态系统服务价值量空间特征分析

对中国沿海 35 个国家级自然保护区湿地的单位面积价值进行了计算，并进行了空间分布特征的分析（图 4.3，图 4.4）。结果表明，对湿地生态系统服务总价值而言，沿海 35 个国家级自然保护区湿地生态系统服务单位面积价值具有较大的空间差异，海南铜鼓岭国家级自然保护区湿地生态系统服务单位面积价值最高（35.70 万元 /hm²），其次为海南三亚珊瑚礁国家级自然保护区、广东徐闻珊瑚礁国家级自然保护区和福建漳江口红树林国家级自然保护区（分别为 35.59 万元 /hm²、35.39 万元 /hm²、30.99 万元 /hm²），浙江南麂列岛国家级海洋自然保护区湿地生态系统服务单位面积价值最低（8.16 万元 /hm²），不同区域湿地的生态系统服务单位面积总价值的分布特征为：位于渤海湾（保护区编号 1~11）、江苏—上海段（保护区编号 12~15）、浙

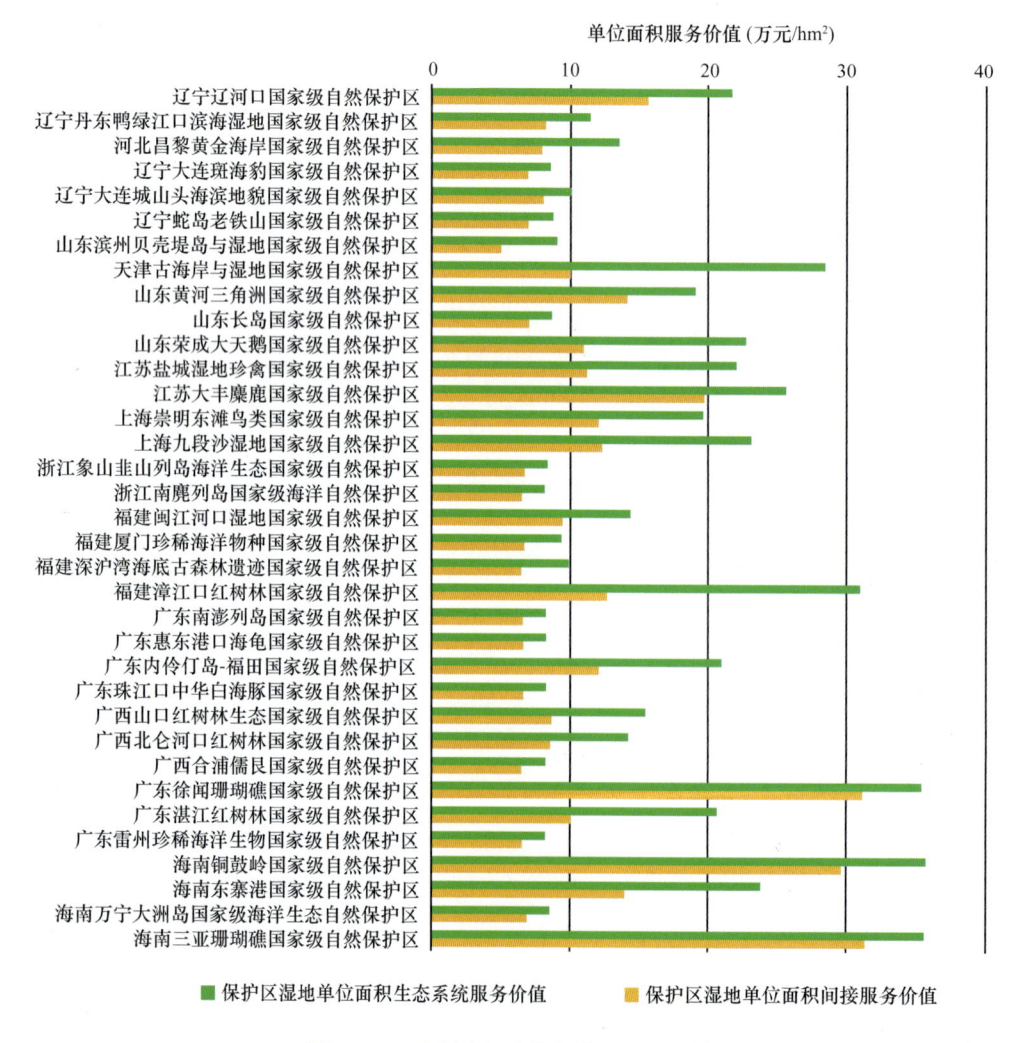

图 4.3　35 个国家级自然保护区湿地价值

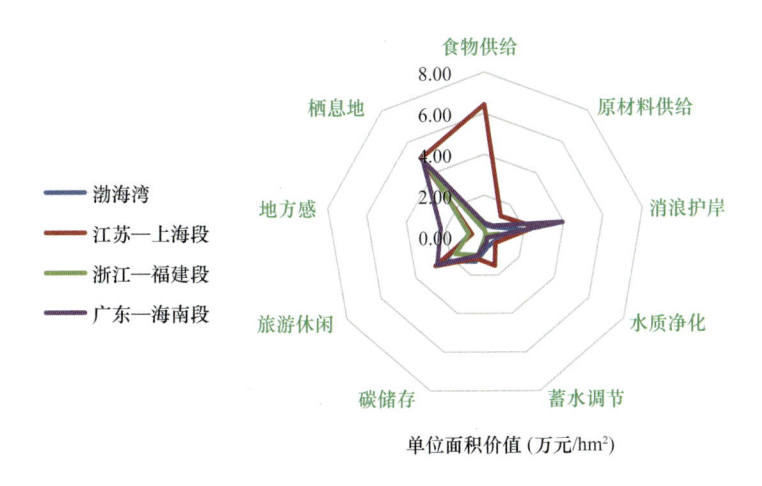

图 4.4　中国沿海各个区域内国家级自然保护区湿地的单位面积价值量

江—福建段（保护区编号 16~21）、广东—海南段（保护区编号 22~35）的保护区湿地的单位面积价值依次为 12.81 万元 /hm²、22.00 万元 /hm²、8.89 万元 /hm²、16.50 万元 /hm²，以江苏—上海段最高。

对湿地生态系统服务间接价值而言，海南三亚珊瑚礁国家级自然保护区湿地的单位面积间接价值最高（31.38 万元 /hm²），其次为广东徐闻珊瑚礁国家级自然保护区、海南铜鼓岭国家级自然保护区和江苏大丰麋鹿国家级自然保护区（分别为 31.18 万元 /hm²、29.67 万元 /hm²、19.75 万元 /hm²），山东滨州贝壳堤岛与湿地国家级自然保护区湿地的单位面积间接价值最低（5.04 万元 /hm²）。位于渤海湾、江苏—上海段、浙江—福建段、广东—海南段的保护区湿地的单位面积间接价值依次为 9.27 万元 /hm²、11.44 万元 /hm²、6.80 万元 /hm²、12.44 万元 /hm²，以广东—海南段最高。

对食物供给服务而言，江苏盐城湿地珍禽国家级自然保护区湿地的单位面积价值最高（7.89 万元 /hm²），其次为福建漳江口红树林国家级自然保护区、天津古海岸与湿地国家级自然保护区和广西山口红树林生态国家级自然保护区（分别为 7.86 万元 /hm²、2.72 万元 /hm²、2.65 万元 /hm²），位于渤海湾、江苏—上海段、浙江—福建段、广东—海南段的保护区湿地的单位面积价值依次为 0.55 万元 /hm²、6.42 万元 /hm²、0.31 万元 /hm²、0.65 万元 /hm²，以江苏—上海段最高。

对原材料供给服务而言，广东内伶仃岛-福田国家级自然保护区湿地的单位面积价值最高（5.24 万元 /hm²），其次为海南东寨港国家级自然保护区、福建漳江口红树林国家级自然保护区和广东湛江红树林国家级自然保护区（分别为 4.14 万元 /hm²、3.1 万元 /hm²、2.54 万元 /hm²），位于渤海湾、江苏—上海段、浙江—福建段、广东—海南段的保护区湿地的单位面积价值依次为 0.6 万元 /hm²、1.27 万元 /hm²、0.09 万元 /hm²、0.67 万元 /hm²，以江苏—上海段最高。

对消浪护岸服务而言，海南三亚珊瑚礁国家级自然保护区湿地的单位面积价值最高（16.44 万元 /hm²），其次为广东徐闻珊瑚礁国家级自然保护区、海南铜鼓岭国家级自然保护区和辽宁辽河口国家级自然保护区（分别为 16.36 万元 /hm²、14.78 万元 /hm²、5.66 万元 /hm²），位于渤海湾、江苏—上海段、浙江—福建段、广东—海南段的保护区湿地的单位面积价值依次为 1.85 万元 /hm²、2.55 万元 /hm²、0.69 万元 /hm²、3.94 万元 /hm²，以广东—海南段最高。

对水质净化服务而言，辽宁辽河口国家级自然保护区湿地的单位面积价值最高（2.24 万元 /hm²），其次为江苏大丰麋鹿国家级自然保护区、山东黄河三角洲国家级自然保护区和福建漳江口红树林国家级自然保护区（分别为 1.18 万元 /hm²、1.12 万元 /hm²、1.1 万元 /hm²），位于渤海湾、江苏—上海段、浙江—福建段、广东—海南段的保护区湿地的单位面积价值依次为 0.53 万元 /hm²、0.63 万元 /hm²、0.03 万元 /hm²、0.14 万元 /hm²，以江苏—上海段最高。

对蓄水调节服务而言，天津古海岸与湿地国家级自然保护区湿地的单位面积价值最高（4.04 万元 /hm²），其次为山东荣成大天鹅国家级自然保护区、广东内伶仃岛-福田国家级自然保护区和上海九段沙湿地国家级自然保护区（分别为 3.42 万元 /hm²、2.5 万元 /hm²、2.38 万元 /hm²），位于渤海湾、江苏—上海段、浙江—福建段、广东—海南段的保护区湿地的单位面积价值依次为 0.52 万元 /hm²、1.52 万元 /hm²、0.07 万元 /hm²、0.29 万元 /hm²，以江苏—上海段最高。

对碳储存服务而言，海南东寨港国家级自然保护区湿地的单位面积价值最高（1.78 万元 /hm²），其次为辽宁辽河口国家级自然保护区、天津古海岸与湿地国家级自然保护区和山东黄河三角洲国家级自然保护区（分别为 1.46 万元 /hm²、1.38 万元 /hm²、1.38 万元 /hm²），位于渤海湾、江苏—上海段、浙江—福建段、广东—海南段的保护区的湿地单位面积价值依次为 1.30 万元 /hm²、1.14 万元 /hm²、0.97 万元 /hm²、1.00 万元 /hm²，以渤海湾段最高。

对旅游休闲服务而言，天津古海岸与湿地国家级自然保护区湿地的单位面积价值最高（15.29 万元 /hm²），其次为山东荣成大天鹅国家级自然保护区、上海九段沙湿地国家级自然保护区和福建漳江口红树林国家级自然保护区（分别为 11.59 万元 /hm²、9.76 万元 /hm²、7.35 万元 /hm²），位于渤海湾、江苏—上海段、浙江—福建段、广东—海南段的保护区的湿地单位面积价值依次为 2.40 万元 /hm²、2.86 万元 /hm²、1.69 万元 /hm²、2.75 万元 /hm²，以江苏—上海段最高。

对地方感服务而言，海南三亚珊瑚礁国家级自然保护区湿地的单位面积价值最高

（6.06 万元 /hm²），其次为广东徐闻珊瑚礁国家级自然保护区、海南铜鼓岭国家级自然保护区和海南东寨港国家级自然保护区（分别为 6.03 万元 /hm²、5.49 万元 /hm²、3.84 万元 /hm²），位于渤海湾、江苏—上海段、浙江—福建段、广东—海南段的保护区的湿地单位面积价值依次为 0.72 万元 /hm²、0.64 万元 /hm²、0.80 万元 /hm²、2.25 万元 /hm²，以广东—海南段最高。

对栖息地服务而言，江苏大丰麋鹿国家级自然保护区湿地的单位面积价值最高（11.93 万元 /hm²），其次为海南三亚珊瑚礁国家级自然保护区、广东徐闻珊瑚礁国家级自然保护区和海南铜鼓岭国家级自然保护区（分别为 7.87 万元 /hm²、7.80 万元 /hm²、7.63 万元 /hm²），位于渤海湾、江苏—上海段、浙江—福建段、广东—海南段的保护区的湿地单位面积价值依次为 4.34 万元 /hm²、4.97 万元 /hm²、4.24 万元 /hm²、4.82 万元 /hm²，以江苏—上海段最高。

（六）湿地生态系统服务总价值

基于对各个保护区湿地生态系统服务价值的评估结果，对中国沿海 35 个国家级自然保护区湿地价值总量进行了计算（表 4.4），结果表明，中国沿海 35 个国家级自然保护区湿地生态系统服务总价值为 2066.36 亿元 / 年。其中，栖息地服务价值最高，为 627.77 亿元 / 年，其次为旅游休闲、消浪护岸、食物供给和碳储存服务（其价值分别为 343.59 亿元 / 年、303.24 亿元 / 年、246.85 亿元 / 年、165.39 亿元 / 年），蓄水调节和水质净化服务所提供的价值最低（分别为 90.89 亿元 / 年、62.52 亿元 / 年）。沿海 35 个国家级自然保护区湿地生态系统服务价值中，占比最高的为支持服务（30.38%），其次为调节服务（30.10%），最低的为供给服务（16.68%）。沿海 35 个国家级自然保护区湿地的直接服务价值为 688.12 亿元 / 年，占总价值的 33%；间接服务价值为 1378.24 亿元 / 年，占总价值的 67%。

表4.4　沿海35个国家级自然保护区湿地生态系统服务价值（2015年价格水平）

一级服务	二级服务	总计（亿元/年）	占比（%）	总计（亿元/年）	占比（%）
供给服务	食物供给	246.85	11.95	344.52	16.68
	原材料供给	97.67	4.73		
调节服务	消浪护岸	303.24	14.67	622.04	30.10
	水质净化	62.52	3.03		
	蓄水调节	90.89	4.40		
	碳储存	165.39	8.00		
文化服务	旅游休闲	343.59	16.63	472.03	22.84
	地方感	128.44	6.21		
支持服务	栖息地	627.77	30.38	627.77	30.38
总计		2066.36			

四、小结与讨论

本章对中国沿海 35 个国家级自然保护区湿地生态系统服务价值进行了评估，中国沿海 35 个国家级自然保护区湿地生态系统总价值量为 2066.36 亿元/年。沿海 35 个国家级自然保护区湿地生态系统提供了巨大的服务价值，具有不可替代性。沿海 35 个国家级自然保护区湿地生态系统间接服务价值所占比例为 67%，并且对沿海区域的长期影响较大，这一结果与 45 处国际重要湿地间接价值所占总价值的比例（64.29%）较为一致（马广仁等，2016）。所以，在保护区管理中，应更多地考虑对提供间接服务的生态系统功能进行保护和可持续利用，减少对间接服务功能的破坏，促进湿地恢复措施的实施。在间接服务中，湿地消浪护岸的价值达 303.24 亿元/年，其中，芦苇湿地和红树林湿地提供的消浪护岸价值比例巨大。与人工工程所提供的服务价值相比，生态系统提供的同类服务价值可持续性更高，具有更长远的价值，价值量也更大，应更多地寻求利用生态系统服务来替代人工工程的方式，充分发挥湿地生态系统调节服务功能。

对中国沿海 35 个国家级自然保护区湿地生态系统服务价值进行的评估结果表明，当自然湿地被有意识地进行保护时，其生态系统服务价值，特别是无法在市场上体现出来的间接服务价值，可以得到充分保持，从而在栖息地、消浪护岸、碳储存等服务方面为人类提供利益。因此，在中国沿海其他区域，也应注重自然湿地的保护，从生态系统服务的角度权衡湿地开发的利与弊。这与其他研究者的相关研究结论相一致：泰国把红树林改建为养虾场、加拿大在淡水沼泽发展集约式农业、菲律宾在珊瑚礁过度捕捞等行为所产生的经济价值，长期来看要比实行湿地保护和可持续利用所产生的价值低 58%~80%（Millennium Ecosystem Assessment，2005）。这些例子表明，湿地提供的很多经济和社会惠益往往未被决策者考虑到。Balmford 等（2002）认为从全球可持续发展的角度来看，将现存的物种栖息地变成农田、水产养殖场或者林场常常是没有意义的。湿地为人类提供了众多的市场效益和非市场效益，未得到开垦的湿地的总经济价值往往大于被开垦的湿地的总经济价值。完好且自然运转的湿地对社会所提供的生态系统服务，其经济价值常常比将湿地转化为看似"更有价值"的已被开垦或以其他方式改造过的集约型用地要高得多，而且不可持续的开发利用产生的效益往往被少数个人或集团占有，而不是被整个社会所共享。

第四章部分内容发表于如下文章：Li X W, Yu X B, Hou X Y, et al. 2020. Valuation of wetland ecosystem services in national nature reserves in China's coastal zones. Sustainability, 12: 3131

典型案例：海南红树林湿地保护

第五章

中国沿海湿地保护绿皮书（2019）

本章主笔作者：周志琴、莫燕妮

红树林是分布于热带和亚热带海岸潮间带的一类特殊植物的总称。对于第一次走进红树林的人，都会感叹红树林怎么不红呢！与北方"红海滩"名副其实的红色相比，红树林似乎显得不够耀眼出众。其实红树林的"红"藏在身体里，它们的树皮富含单宁酸，树皮被割开后就能看到红色。红树植物的树皮过去常被海边的居民用来熬制红色的染料，红树林由此得名。所以人们常说红树林是"心红表不红"（图5.1）。

图5.1 "心红表不红"的红树林（左：卢刚 摄；右：王文卿 摄）

红树植物作为能生活在陆地与海洋过渡地带的木本植物，其生存本领相当不简单。为抵挡海浪的冲刷，红树植物通常都有强大的地上根系；为适应海水和土壤的高含盐量，它们能通过根系的过滤系统"拒盐"或者通过叶面的盐腺"泌盐"；为了保证在海水浸淹下地下根系不至于缺氧，它们通过树干和根系表面密布的皮孔以及根系中发达的气道来输送氧气；为了能在潮汐涨落的环境中顺利繁殖，部分红树植物通过"胎生"方式繁殖，以避开恶劣的环境；大多数红树植物的繁殖体（种子、果实、胚轴）密度低于海水，可以随潮流进行长距离漂浮（图5.2）。

全世界的红树林主要分布于印度洋及西太平洋沿岸的118个国家和地区，总面积约为1377.6万 hm^2。红树林面积最大的国家分别是印度尼西亚、澳大利亚和巴西。东南亚地区是世界红树林的分布中心，其种类的丰富程度和群落的发育程度远远超过其他地区。全世界有73种真红树植物，近60种分布在东南亚地区（王瑁等，2019）。离赤道越近，红树林树木就越高大，种类也越丰富。由于我国地处红树林分布区的北缘，我国的红树林绝大部分都比较低矮。据不完全统计，我国近70%的红树林不高于2m，90%的红树林不超过4m，高度超过10m的红树林大都生长在海南岛，而东南亚地区的一般种类高度都可达到30~40m（王文卿和王瑁，

图5.2 红海榄的支柱根（左）与海莲的膝状呼吸根（右）（卢刚 摄）

2007）。据保守估计，我国现存的红树林面积不足3万 hm²，仅占全球红树林的0.2‰，但天然分布的真红树植物共26种，约占全球真红树物种数的35.6%（图5.3）。

说起红树林，大多数人脑海里浮现出来的画面通常是一片生长在海岸滩涂茂密葱郁的森林。由于其生长在海岸潮间带，红树林被划分为滨海湿地的一个重要类型，也称为"红树林湿地"。既是森林又是湿地的红树林，是否同时具备了"肺"和"肾"的功能呢？实际情况确实如此，作为"肺"，红树林吸收二氧化碳和固碳的能力出类拔萃，是热带地区碳含量最高的生态系统之一；作为"肾"，红树林湿地能有效沉降悬浮物，吸收、转化和滞留水体中的氮、磷等富营养物质和重金属，具有极好的净化功能。不过，红树林最响亮的称号当属"海岸卫士"。2004年印度洋海啸之后，由于红树林在保护海岸村庄的出色表现，全球对红树林的关注度达到了空前高度，东南亚各国随后掀起了恢复红树林的大潮，"海岸卫士"的称号更加深入人心。

图5.3 三亚地处热带，红树林长得比较高大，图为国内最粗的海莲（卢刚 摄）

除了消浪护岸、固碳、净化海水和空气之外,红树林湿地维持海岸带生物多样性的功能也不容小觑。红树林湿地被认为是生产力最高、生物多样性最为丰富的生态系统,是天然的渔业养殖场、海岸带动物重要的庇护所。红树林大量枯枝落叶分解后形成的有机碎屑,为浮游生物、底栖生物提供了充足的养分,进而支撑起各种鱼类、鸟类以及哺乳类动物的庞大食物网。据不完全统计,中国红树林湿地记录到的物种数超过3000种,红树林是生物多样性最丰富的海洋生态系统之一(王文卿和王瑁,2007)(图5.4~图5.6)。

图5.4 东寨港红树林是海口江东新区的生态屏障(卢刚 摄)

图5.5 红树林湿地是珍稀濒危鸟类黑脸琵鹭在海南的最主要越冬地(罗理想 摄)

图5.6 珍稀濒危红树植物红榄李(卢刚 摄)

一、海南红树林资源状况

海南岛是我国最大的热带岛屿，拥有丰富且极具代表性的滨海湿地，堪称滨海湿地博物馆。海南的湿地资源是海南物种和生态系统多样性维持及发展的重要条件，是建设国家生态文明试验区的重要自然资源，更是海南可持续发展的重要生态支撑。2014 年第二次全国湿地资源调查显示，海南省共有湿地面积 32 万 hm^2，其中自然湿地 24 万 hm^2、人工湿地 8 万 hm^2，湿地类型共有 5 类 18 型，其中近海与海岸湿地，即滨海湿地，占全省湿地资源总面积的 67%。滨海湿地中的红树林、海草床、珊瑚礁是最具热带特色的湿地类型。

海南岛是我国红树植物的分布中心，红树植物种类丰富，群落类型多样，拥有我国发育最好、最高大、最古老的红树林，具有热带性、古老性、珍稀性等特点。我国天然分布的 26 种真红树植物在海南均有分布，有半数以上树种仅在海南有天然分布（表 5.1）。我国天然分布的红树植物种类中，受威胁比例较高，根据《IUCN 红色名录》的评估标准，厦门大学王文卿教授对 26 种真红树植物分别进行了评估，结论是 14 种真红树植物在我国处于受威胁状态，占比高达 50%。

表5.1 我国真红树植物的种类及其天然分布

序号	树种	海南（26种）	其他省（区）（12种）	国内濒危程度	全球濒危程度
1	卤蕨 Acrostichum aureum	√	√	无危	无危
2	尖叶卤蕨 Acrostichum speciosum	√	√	濒危	无危
3	木果楝 Xylocarpus granatum	√		易危	无危
4	海漆 Excoecaria agallocha	√	√	无危	无危
5	杯萼海桑 Sonneratia alba	√		无危	无危
6	海桑 Sonneratia caseolaris	√		近危	无危
7	海南海桑 Sonneratia hainanensis	√		濒危	濒危
8	卵叶海桑 Sonneratia ovata	√		濒危	近危
9	拟海桑 Sonneratiax gulngai	√		濒危	—
10	木榄 Bruguiera gymnorhiza	√	√	无危	无危
11	海莲 Bruguiera sexangula	√		无危	无危
12	尖瓣海莲 Bruguiera sexangula var. rhynchopetala	√		易危	—
13	角果木 Ceriops tagal	√	√	无危	无危

续表

序号	树种	海南（26种）	其他省（区）（12种）	国内濒危程度	全球濒危程度
14	秋茄 Kandelia obovata	√	√	无危	无危
15	正红树 Rhizophora apiculata	√		易危	无危
16	拉氏红树 Rhizophora × lamarckii	√		濒危	—
17	红海榄 Rhizophora stylosa	√	√	无危	无危
18	红榄李 Lumnitzera littorea	√		濒危	无危
19	榄李 Lumnitzera racemosa	√	√	无危	无危
20	桐花树 Aegiceras corniculatum	√	√	无危	无危
21	白骨壤 Avicennia marina	√	√	无危	无危
22	小花老鼠簕 Acanthus ebracteatus	√	√	濒危	无危
23	老鼠簕 Acanthus ilicifolius	√	√	无危	无危
24	瓶花木 Scyphiphora hydrophyllacea	√		濒危	无危
25	水椰 Nypa fruticans	√		易危	无危
26	水芫花 Pemphis acidula	√		濒危	无危

资料来源：王珺、王文卿、林贵生，2019；《IUCN 红色名录》

红树林在海南岛沿海市（县）均有分布，但分布不均，连片面积较大的天然红树林集中在海南岛北部的海口东寨港、东北部的文昌八门湾、西部的儋州新英湾以及跨儋州和临高县的新盈湾。这几个地区的红树林面积占全省红树林总面积的3/4。此外，红树林分布较集中的港湾还有西部的澄迈花场湾、东方四必湾、以及三亚铁炉港、青梅港、榆林河和三亚河。其他市（县）的红树林面积相对较小。

海口东寨港是海南岛唯一的国际重要湿地，也是1992年我国首批被列入《国际重要湿地名录》的7个国际湿地之一，素有"中国红树林看海南，海南红树林看东寨港"一说。东寨港在全国红树林的地位可见一斑。除天然分布的红树植物种类外，通过引种和迁地保护，东寨港已成为我国红树植物树种的基因库、珍稀濒危红树植物的异地保护集中区（图5.7）。

文昌八门湾是我国红树植物种类天然分布最丰富的海湾，至今已记录到的真红树植物有25种，约占全国真红树植物的96%。相较于世界其他地区同等规模的海湾，八门湾红树植物种类的丰富度极高，堪比世界红树植物种类最丰富的海湾。湾内红树林群落发育成熟，树形高大，有众多高度超过15m的大树，是我国最高大的红树林。

图 5.7　东寨港红树林（冯尔辉 摄）

相较于东海岸，海南岛西海岸的红树植物种类较少，但滩涂更加平坦宽阔，底栖生物丰富。位于西海岸的儋州新盈湾、新英湾以及东方四必湾的红树林已成为黑脸琵鹭在海南最主要的越冬地。

三亚是我国红树林分布区的最南端，拥有我国热带特征最明显的红树林。特别是在三亚市铁炉港，国内最大的海莲、榄李、红榄李、瓶花木、木果楝均分布于此，是我国红树植物种类密度最高、最古老的红树林（王瑁等，2019）（图 5.8，图 5.9）。

据记载，新中国成立初期海南岛红树林面积高达 1 万 hm^2（15 万亩）。20 世纪 50 年代至 90 年代末，海南岛的红树林经历了三次大的扰动，导致面积急剧减少。这三次扰动分别是六七十年代围海造田，八九十年代挖塘养殖以及九十年代兴起的码头、道路建设和旅游地产的开发。九十年代末，红树林的面积曾一度减少至不足 $3900hm^2$，比解

图 5.8　三亚铁炉港红树林（卢刚 摄）

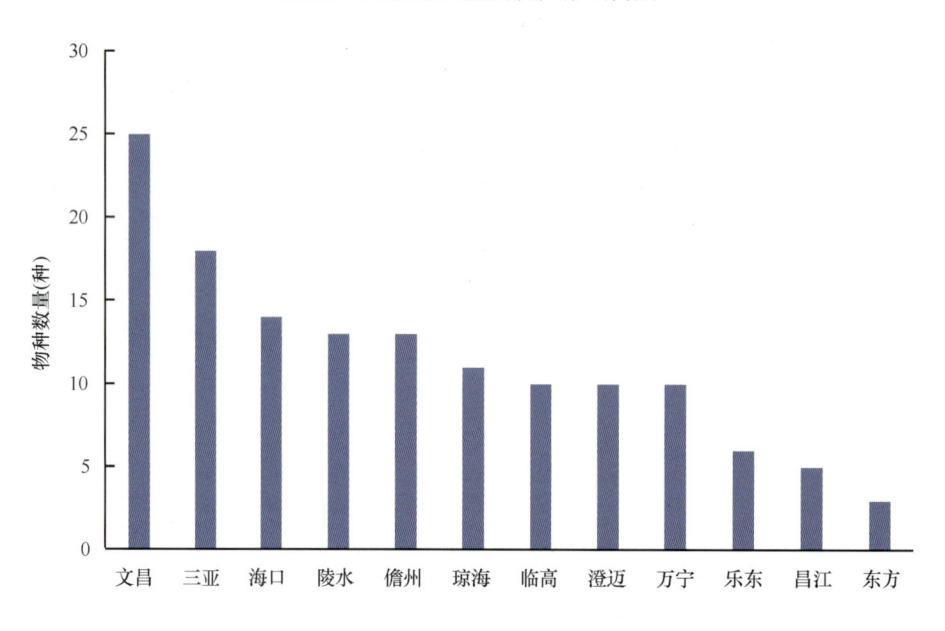

图 5.9　海南省各地天然分布的真红树植物丰富度

放初期的面积减少了 60% 以上。1998 年，海南率先在全国颁布了《海南省红树林保护规定》，明令禁止砍伐红树林及其他毁坏红树林的行为，至此红树林急剧减少的态势得到了基本的遏制。海南大多数红树林自然保护区也正是在八九十年代成立的，主要的红树林资源得到了抢救性的保护。进入 21 世纪，随着保护意识的逐渐提升，自然保护区管理日趋强化，还新建了一批红树林湿地公园，各市（县）陆续启动和加强红树林修复工作，红树林面积稳步增加，目前已恢复到约 5500hm^2（图 5.10）。

图 5.10　正在准备退塘还林的海口三江农场万亩养殖基地，20 世纪 70 年代之前是连片茂密的红树林（卢刚 摄）

二、海南红树林面临的威胁与挑战

在对红树林的一般认知中，会把红树林仅当成一种树林来看待。因此，在考虑保护红树林时，人们往往会像对待森林一样，想方设法地增加红树林的面积，努力种植红树植物。殊不知红树林是一种特殊的"林"，更应该被看作"湿地"，需要从一个湿地生态系统的视角去理解它的组成、结构及功能。

和其他湿地一样，对于红树林湿地而言，水是头等大事，是根本。但红树林湿地最与众不同的是它既需要淡水，也需要海水，而且两者同等重要。少了淡水，盐度过高，红树林的生长会受到抑制；少了海水，没有来自海洋营养物质的滋养，红树林会退化。所以红树林最喜欢河口、港湾、潟湖这类淡水和海水充分交汇的地方。保证充足的淡水补给和畅通的潮水交换，是维护红树林湿地健康的基本条件。

红树林湿地是一个极为动态的生态系统，会随着环境的变化快速适应环境，这在红树林促淤造陆的本领上最为明显。红树林根系发达，地上根系盘根交错，这样的结构容易沉积和滞留淤泥。当淤泥渐渐积累起来时，滩面升高，达到了红树林适合生长的高程，红树林便可向外扩张。有专家把红树林比喻成"杂草"，因为红树林的生命力顽强，只要条件合适，能很快地生长和扩张。在靠近陆地一侧，随着高程的逐渐升高，泥滩会渐渐硬化变为陆地。适应陆地的半红树植物取代更适应海水环境的真红树植物，然后陆生植物也会生长，慢慢地取代半红树植物，最终完成造陆的过程。有研究发现，东寨港红树林滩面抬高的速度比海平面上升的速度要快，如此一来，红树林有可能成为某些地区抵御海平面上升的一种解决方案。由此可见，保持红树林与海洋、陆地的连通性，是维护红树林湿地动态发展和适应环境能力的基础条件（图 5.11）。

图 5.11　红树林由于失去与海水的连通而死亡（谷峰 摄）

红树林湿地不是单一的红树植物有林地，还有潮沟、光滩和浅水水域，这几个组成部分通过潮水实现相互之间物质、能量和信息的交流，被公认为生产力最高、生物多样性最丰富的海洋生态系统之一。其生产力的根源来自红树植物。通过营养物质的富集作用，红树植物为林下土壤提供了大量的有机物，而且随着潮水的流动，红树林凋落的枯枝落叶通过潮沟输送到滩涂和浅水水域，然后被分解成有机碎屑，为虾、蟹、贝等底栖生物和鱼所摄食。红树林林外的光滩底栖生物种类和数量众多，成为鸟类绝佳的"餐桌"。这种基于有机碎屑的食物网，使红树林能源源不断地为鸟、鱼、虾、蟹、贝等各级消费者提供丰富的食物，红树林湿地也成为许多海洋生物天然的繁殖场和栖息地。此外，红树林湿地的特殊水动力条件和沉积环境，成就了其高超的固碳功能。有关研究结果显示，红树林湿地的固碳能力是热带雨林的6~10倍。值得注意的是，红树林湿地强大的生态系统服务功能，与其结构组成密不可分，每个部分在红树林湿地生态系统中都发挥着不可或缺的作用。要保护和维系红树林湿地的健康及其生态功能的发挥，需要关注其结构的完整性以及各组成部分之间的交流。

海南的红树林在经历了三次大的扰动，面积跌到低谷后，逐渐有所恢复。我国也是世界上少有的红树林面积不减反增的国家。但因为红树林湿地的高度开放性以及与人类社会经济发展的密切相关性，海南的红树林仍面临着不同程度的威胁与挑战，主要体现在以下几个方面。

（一）旅游开发、城镇化及水利建设阻隔海陆连通性，改变水文条件

海南岛的海岸带历来是旅游和地产开发的热点，其热带景观和优美的环境让开发商痴迷。21世纪以来，尽管大面积侵占红树林的事件很少发生，但许多道路、桥梁、旅游设施和房地产紧挨着红树林，对红树林湿地生态系统造成了深远的影响。以位于三亚亚龙湾旅游开发区内的青梅港红树林为例，陆地一侧的海岸刺灌丛被酒店和道路取代，海洋一侧则修建了游艇码头。陆地一侧山体原有的淡水补给通道被阻断，红树林与陆地生态系统之间缺少自然过渡。而潮汐带来的海水交换因码头建设变得缓慢且不充分，海湾泄洪的能力也被削弱。这直接导致2011年红树林的规模化死亡。类似事件在海南时有发生（图5.12）。

海堤的建设对红树林的影响也不容小觑。海南许多红树林与陆地的自然过渡带不是被养殖塘的塘坝阻隔就是被防洪的海堤截断，成为所谓的"堤前红树林"。据不完全统计，海南岛约3/4的红树林为堤前红树林。被断了"后路"的红树林，在气候变化导致的海平面上升面前变得无能为力。

淡水补给是红树林的重要生长条件之一，足够的淡水能促进红树林的生长，提高红树林的

图 5.12　三亚青梅港红树林与周边的酒店（卢刚 摄）

生产力。除降雨外，河流是红树林湿地最主要的淡水来源。但上游河流水利工程的建设，如蓄水工程、河流改道工程等，直接影响了淡水的供给量，进而对红树林造成威胁。

（二）生产生活污染造成红树林湿地水体富营养化

红树林分布区的河口、港湾海水条件优越，常常成为水产养殖产业的密集区。海岸带集约化养殖排放的尾水是海南岛红树林的主要污染源，尤其是清塘的废水，悬浮物质含量高且富含氮、磷，短时间集中排放后严重威胁红树林的生存。红树林湿地具有一定的水体净化能力，适量污水进入红树林在一定程度上能促进红树植物的生长。但过量的污水不仅会严重干扰红树林湿地的底栖动物、鱼类和鸟类生存，还有可能造成红树植物死亡，进而造成红树林湿地的退化。此外，红树林周边的禽畜养殖污水、城镇生活污水未经处理直接排入红树林，也加剧了水体污染。此外，海南岛红树林周边有不少紧挨着红树林的村庄，村民往往直接把生活垃圾倾倒在红树林内，加上海漂垃圾随着潮水涌入红树林，使得不少地点的红树林深受垃圾的影响（图5.13）。

图 5.13　红树林变成了垃圾场（卢刚 摄）

（三）滩涂养殖、过度捕捞破坏红树林湿地的食物网

我国沿海地区普遍存在过度捕捞问题，捕捞网具不断推陈出新，捕捞强度越来越大，电鱼、毒鱼等情况频频发生。过度捕捞是导致红树林湿地大型底栖动物和鱼类资源下降的主要原因。

红树林外滩涂是底栖动物和鸟类重要的栖息地和觅食地，无序无度的滩涂养殖会威胁到底栖生物的多样性，干扰鸟类的活动和觅食。高密度滩涂养殖使用的抗生素和农药，不仅会污染滩涂，还会毒杀害虫天敌。

（四）外来红树植物对乡土红树植物的竞争压力

我国于1985年和1999年先后从孟加拉国和墨西哥引进了无瓣海桑及拉关木。这两个物种因生长速度快，适应性强，栽培简单，很快成为我国红树林造林的主要树种。据粗略估算，海南现有无瓣海桑、拉关木人工林面积约 200hm^2，自然扩散面积约 15hm^2。由于生长快、繁殖能力强，无瓣海桑和拉关木对乡土红树植物产生了很大的竞争优势，若任其发展，将给海南红树林的自然属性和景观格局带来根本性的改变（王瑁等，2019）（图5.14）。

图 5.14　在滩涂上肆意蔓延的拉关木（罗理想 摄）

三、海南红树林保护的探索与实践

面对海南岛丰富的红树林资源，海南省林业主管部门在红树林保护方面进行了多层次、不同维度的探索与实践，取得了重要成果，为国内其他省（区）的红树林管理提供了经验。在此，重点介绍其中几项主要工作。

（一）建章立法，稳步加强红树林保护

1998年，正当海南红树林面临围塘养殖和旅游开发巨大双重压力时，海南省政府率先在全国发布了《海南省红树林保护规定》，明令禁止对红树林的砍伐及其他破坏行为。这一禁令既关键又及时，此后海南岛红树林大面积被毁坏的情况得到了基本的遏制。2004年、2011年和2017年海南省人大常委会先后三次对该规定进行了修订。2006年，海南省政府颁布了《海南省省级重点保护野生动植物名录》，将19种真红树植物和3种半红树植物列入了省级重点保护物种名录，加强了对珍稀及有代表性红树植物的保护，这一举措在全国也是先例。

此外，2011年三亚市出台了《三亚市红树林保护管理办法》，2014年海口市出台了《关于加强东寨港红树林湿地保护管理的决定》。这些都大大促进了海南岛红树林的保护工作。

2016年，海南省提出生态环境"六大专项整治"工作，包括整治违法建筑、城乡环境综合整治、城镇内河（湖）水污染治理、大气污染防治、土壤环境综合治理、林区生态修复和湿地保护。湿地保护从此进入省政府的重要议事日程。在专项行动的推动下，2016~2018年，海南省共退塘还湿1680hm^2，其中新造红树林达到433hm^2，成为自新中国成立以来海南岛红树林面积增长最快的三年（图5.15）。

图5.15 红树林种植（卢刚 摄）

2019年，海南林业主管部门开展了全省红树林生存现状和潜在恢复区域的专项调查，基本摸清红树林资源现状。在此基础上，林业部门还起草了《海南省加强红树林保护修复实施方案》，提出具体的修复目标，并启动全省红树林宜林地生态修复规划的编制。

（二）建保护地，抢救性保护红树林资源

截至目前，海南已建各级各类红树林自然保护地14个，包括10个自然保护区和4个湿地公园。保护地总面积为1.52万hm^2，保护地内的红树林面积占全省红树林面积的80%以上，连片面积较大的红树林都纳入了保护地，为海南岛红树林资源的保护奠定了基础（表5.2）。

表5.2　海南省红树林自然保护地名录

序号	保护地类型	保护地名称	级别	面积（hm²）	成立年份
1	自然保护区	海南东寨港国家级自然保护区	国家级	3337.6	1980
2		海南清澜港红树林省级自然保护区	省级	2914.6	1981
3		海南东方黑脸琵鹭省级自然保护区	省级	1429	2006
4		海南青皮林省级自然保护区	省级	992	1980
5		澄迈花场湾红树林自然保护区	县市级	168.45	1995
6		儋州新英湾红树林市级自然保护区	县市级	1200	1992
7		临高彩桥红树林市级自然保护区	县市级	278.6	1986
8		三亚河红树林市级自然保护区	县市级	343.83	1992
9		三亚青梅港红树林市级自然保护区	县市级	92.6	1989
10		三亚铁炉港红树林市级自然保护区	县市级	292	1999
11	湿地公园	海南新盈红树林国家湿地公园	国家级	507.05	2007
12		海南三亚河国家湿地公园（试点）	国家级	1843.24	2016
13		海南陵水红树林国家湿地公园（试点）	国家级	958.22	2017
14		海口三江红树林省级湿地公园	省级	889.04	2017

2004年和2005年，全球黑脸琵鹭同步调查发现，东方四必湾红树林是全球濒危鸟类黑脸琵鹭稳定的越冬地，黑脸琵鹭连续两年数量均在50只以上，占当时全球黑脸琵鹭总数的4%。2006年，海南省政府批建东方黑脸琵鹭省级自然保护区，使黑脸琵鹭重要的栖息地得到了有力保护（图5.16）。

近几年，海南还陆续新增了一批湿地公园，将一些零星的红树林分布区纳入保护体系，并在湿地公园内开展红树林湿地修复。

（三）成立联盟，加强保护地间的交流与联合

2014年以前，海南省林业部门共管辖8个不同级别的红树林保护区和1个红树林国家湿地公园，另外还有若干由企业经营管理、没有正式纳入保护体系的私营"湿地公园"。不同的

图 5.16　东方黑脸琵鹭省级自然保护区（卢刚 摄）

保护地之间在管理模式、人员和资金投入、管理水平、管理成效等方面存在巨大差异。保护地各自为政，很少有机会相互交流学习。

2014 年 12 月海南省红树林湿地保护体系联盟在海南省野生动植物保护管理局的直接领导下建立，并通过了《联盟宣言》。联盟的宗旨是：加强各保护单位（保护区、湿地公园等）之间的经验交流和学习；鼓励各保护单位之间及保护单位与相关科研机构在红树林湿地方面的交流合作；共同致力于有效管理海南省红树林湿地，确保湿地的生态服务功能得以充分发挥。海南省红树林湿地保护体系联盟每年至少举行一次年度会议，由各保护单位轮流主办。年会根据各保护单位的工作重点，设立一个主题，展开充分讨论，并制订相应的活动计划。

联盟由海南省 10 个湿地类型的保护单位发起，包括国家级、省级、市县级的保护区和各种类型的湿地公园，涵盖了海南主要的湿地保护地。为充分发挥联盟的作用，联盟还积极吸收新成员，先后吸纳了宝陵港湿地公园（私营）、定安南丽湖国家湿地公园、海口五源河国家湿地公园（试点）、海口美舍河国家湿地公园（试点）、陵水红树林国家湿地公园（试点）等 5 个保护单位，让联盟的信息、培训和技术支持可以覆盖更多保护地。2015~2018 年，联盟组织了30 多次公众宣传活动、能力培训、研讨会和考察活动，内容覆盖了保护地管理的方方面面，对提升海南湿地保护体系的管理效能起到了重要作用（图 5.17）。

图 5.17　海南省红树林湿地保护体系联盟成立大会（卢刚 摄）

（四）依托专家，为红树林湿地保护修复提供有力的科技支撑

在近十几年陆续开展的红树林修复工作中，海南也走了很多弯路。例如，片面追求红树林有林面积的扩大，在光滩上造林，侵占了鸟类的觅食地。又如，广泛使用外来红树树种造林，压制了乡土树种的自然生长；修复作业设计粗放，造林地高程与树种选择不合理，造林存活率低等。在执行联合国开发计划署（UNDP）-全球环境基金（GEF）海南湿地保护体系项目（2013~2018年）期间，借助国际项目的窗口和平台，海南省林业主管部门与国内外知名的红树林湿地专家建立联系，通过邀请专家举办研讨会、培训班、讲座以及现场指导等方式，让政府决策层和相关管理人员对红树林湿地生态系统的认知有了全面的提升，并有机会接触到红树林保护的先进理念。

2016年，海南省林业主管部门成立了"海南省湿地保护咨询专家组"，由6位省内外的湿地相关专家组成，分别来自复旦大学、保护地友好体系、厦门大学、华南师范大学、海南大学与海南师范大学。实践证明，该专家组为海南省湿地工作提供了强有力的智力支持，并为海南红树林湿地的保护和修复提出了许多合理化建议及指导。在专家组的支持和指导下，海南省林业主管部门编制并印发了《海南省红树林生态修复手册》，提出在红树林湿地生态修复中，要严格做到尊重自然、顺应自然和保护自然，遵循"宜林则林（红树林）、宜草则草（海草）、宜滩则滩（滩涂）"的科学规律，严防盲目扩大红树林面积，以及以自然修复为主、人工修复为辅和坚持使用本地乡土树种开展修复等原则。

此外，海南省林业部门还与中国科学院生态环境研究中心、中国林业科学院热带林业研究所、广西红树林研究中心、厦门大学、中山大学、华南师范大学、海南师范大学、海南大学等科研院校建立合作伙伴关系，通过承担科研项目或担任项目评审专家的方式，为海南红树林湿地保护提供强有力的科技支撑。在保护地层面，林业部门也积极推动专家与保护地达成应用型科研项目的合作，为保护地提供直接的技术支持和帮助。合作内容涵盖红树林团水虱危害机理研究、濒危红树植物繁育、生物多样性调查、外来红树植物入侵性评估等课题。

（五）借力国际合作项目，积极联合社会组织形成合力

国内外非政府组织（社会组织）在自然保护上的促进作用不容忽视，其高度的灵活性和日益成熟的专业性尤为可贵。海南省林业主管部门在 UNDP-GEF 海南湿地保护体系项目执行期间，借力国际合作项目的支持，注重与红树林湿地保护相关的社会组织建立联系，特别是与省内社会组织的联系。在 UNDP-GEF 海南湿地保护体系项目的支持下，海南省林业主管部门不仅在专业领域与社会组织开展合作，在保护意识宣传上更是依托社会组织的力量，努力将宣传效果最大化。项目先后与省内外以及国际非政府组织开展合作，包括各类生物多样性调查、技术指南编写、校本教材编写、保护地管理培训等专业合作，还包括举办形式各异的主题宣传活动（图 5.18）。

图 5.18 中外湿地专家考察海南红树林湿地（卢刚 摄）

通过委托技术服务，海南成功吸引了省内外甚至国际非政府组织对海南红树林湿地保护的关注，尤其是引起了国内知名公益基金会的关注，包括阿拉善 SEE 基金会、红树林基金会（MCF）、桃花源生态保护基金会等。随后，海南候鸟栖息地保护、社会公益型保护地等项目都得到了这些基金会的支持，形成政府与社会力量共同推动红树林湿地资源保护的合力。

（六）广泛宣传，有效提升红树林保护意识

尽管海南是我国红树林的分布中心，但人们对红树林湿地的认知和保护意识尚浅，有待提升和营造氛围。在过去几年，海南省林业主管部门与科研院校、社会组织及各类主流媒体密切配合，有针对性地对不同人群，从广度和深度入手，开展了各种类型和形式的宣传工作，尽力营造红树林保护的整体氛围。

结合全国"爱鸟周"、世界湿地日、世界野生动植物日、世界海洋日、国际生物多样性日等，在不同地点针对一般公众、社区、学校、政府人员、媒体等受众，设计不同的宣教形式，持续性地开展内容丰富的宣传活动。例如，针对社区，通过举办主题文艺晚会、湿地主题微电影、游园活动等对村民有吸引力的形式，再融入不同主题讲座、图片展等内容达到宣传效果。针对中小学生，开展"生态文明进校园"系列活动，在举办大中小型讲座、图片展、手工游戏

图 5.19　东寨港观鸟节（卢刚 摄）

的基础上，编印《家在红树林》《红树林边上的小村庄》等校本教材，在保护地周边学校推广使用，让保护理念"进教材、进课程、进校园"。针对政府人员，抓住湿地保护受关注的时机，让科学家走进党政领导干部课堂，向高层介绍科学的红树林湿地保护理念，此外，还举办科研成果汇报会、跨部门主题研讨会、市县政府专题讲座等，使保护新理念潜移默化地影响各级政府的决策层。尤其值得一提的是，为了让更多主流媒体关注红树林湿地，让报道更有科学性，海南连续多年举办了"湿地保护媒体沙龙"及"海南媒体湿地保护环岛考察"等活动，培养了不少湿地记者，通过各类媒体报道，在更大范围内激发人们对保护红树林的热情。

四、展望

经过海南各级林业部门多年的努力和推动，在当前中央政府和国家领导对生态文明建设与湿地保护高度关注的大环境下，海南红树林湿地保护步入了新的发展阶段，保护的挑战从过去的"呼吁保护"转变为如今的"倡导科学保护"。在保护利好的形势下，海南的红树林湿地保护与修复需重点关注的是如何提升林业从业人员对红树林湿地生态系统的认知水平和管理能力，从维护红树林湿地的生态服务功能入手，推动科学保护和修复。

（一）遵循自然规律

在中央政府的高度重视下，全国将开展大规划的红树林修复工作。由于红树林湿地生态系统的特殊性，在修复时，不应片面追求有林面积的扩大，需要分析红树林面临的具体威胁，从消除威胁入手，以生态功能的修复为目标，科学设计红树林湿地修复工程，合理确定红树林修复的区域、范围和方式。总体而言，需要严格做到尊重自然、顺应自然和保护自然，遵循"宜林则林（红树林）、宜滩则滩（滩涂）"的科学规律，强调以自然修复为主（图5.20）。

（二）重视科学支撑

红树林湿地是一个敏感且动态变化的生态系统，现有对红树林的研究多在学术层面交流，研究成果在资源保护和管理的应用上明显不足，保护修复行动缺乏及时有效的科技支撑。有关部门应收集各级林业部门、保护地等单位结合实际面临的管理问题提出的需求，吸引省内外科研院所和专业性的社会组织开展相关研究，保证保护和修复行动的科学性。

在实施保护修复过程中，也需要科研机构的参与和密切配合，注重过程管理和数据收集，以便科学总结经验，为后续行动决策提供科学依据和借鉴。

图 5.20 儋州新盈退塘后自然修复的红树林群落（卢刚 摄）

（三）提升管理水平

海南各级政府主管部门工作人员对红树林湿地的认知还停留在初级阶段，现有红树林湿地保护地从业人员的平均管理水平和专业能力还很有限，随着保护的强化和深入，对主管部门和保护单位的管理能力提出了更高的要求。应组织系统性和针对性的讲座、培训、外出交流学习等活动，对接专业性社会组织和专家团队提供现场指导和技术支持，提高各级从业人员的认知和管理水平。

（四）消除外部威胁

当前红树林面临的主要威胁如水体污染、淡水补给不足、海水交换不畅等基本都发生在红树林湿地外围或上游区域，如水产和畜牧养殖、上游开发建设、码头港口建设、入海口的路桥建设等。要消除外部威胁，需要通过跨部门合作和协同管理。可结合现有的河长制、湾长制，将红树林湿地纳入流域综合管理的范围，在包括红树林湿地在内的河流、海湾开展联合巡查和协同管理。

（五）发动社会参与

红树林湿地保护作为一项公益事业，还需要大量资金和专业力量的长期投入。在政府的主导下，应进一步发动更多企业、社会组织、个人等社会力量的广泛参与，拓宽资金来源渠道，在不同深度和广度开展包括栖息地保护、科学研究、监测巡护、宣传教育、志愿者服务活动在内的各类保护行动。

结论与建议

第六章

中国沿海湿地保护绿皮书（2019）

本章主笔作者：于秀波、张立、夏少霞、张博文

结论1：近两年来，我国在湿地保护制度与法制建设等方面取得了重大突破。多部与湿地保护相关的规范性文件颁布，滨海湿地及海岸带保护上升为国家优先战略。

作为全球最重要、受威胁程度最高的湿地生态系统之一，滨海湿地保护具有重要的意义。近年来，中国持续推进滨海湿地保护管理战略，促进国家层面湿地保护立法。国务院机构改革，设立国家林业和草原局，全面负责湿地保护和修复、监督管理各类自然保护地，将湿地保护管理中心（事业单位）改为湿地管理司（政府部门），在《第三次全国国土调查工作分类》及《土地利用现状分类》（GB/T 21010—2017）中将"湿地"明确设立为一级地类，湿地有了"身份证"，湿地保护和管理的对象更明确，湿地管理和保护力度升级。国务院印发了《国务院关于加强滨海湿地保护严格管控围填海的通知》，全面停止新增围填海项目审批，加强海洋生态保护修复。生态环境部、自然资源部等部委联合印发了《渤海综合治理攻坚战行动计划》，从"向海索地"跨入"全面保护"的新阶段。

结论2：滨海湿地保护工作初见成效，获得广泛的公众关注及国际助力，滨海湿地监测、社会参与及国际合作与交流全面推进。

国家及社会各界的普遍关注，为滨海湿地保护带来新的契机。滨海湿地保护行动持续推进，国家层面的保护工作初见成效。《中国国际重要湿地生态状况白皮书》于世界湿地日发布，对中国57处国际重要湿地的生态状况及其面临的威胁进行了全面调查，为国际重要湿地保护管理提供科学依据。在《湿地公约》秘书处组织召开的第十三届缔约方大会上，东营、海口等6个城市获"国际湿地城市"称号。这意味着中国在保护湿地方面的投入和成效获得了国际认可。

2019年7月5日，在第43届世界遗产大会上，中国黄（渤）海候鸟栖息地（第一期）被联合国教科文组织列入《世界遗产名录》，这是中国世界自然遗产从陆地走向海洋的开始，也体现了国家进行滨海湿地保护的决心。公众参与在湿地保护中发挥了越来越重要的作用。民间组织积极参与濒危水鸟调查和保护，"任鸟飞"项目等社会力量参与湿地管理。此外，国际社会持续关注中国滨海湿地保护。全球环境基金助力中国湿地保护地体系建设，国际专家和国内志愿者共同发起的"黄渤海水鸟同步调查"继续开展。

结论3：中国滨海湿地具有重要的生态系统服务价值，与堤坝等人工工程相比，滨海湿地提供的服务价值更持续，价值量也更大。加强自然湿地保护，可以有效提高其生态系统服务价值，特别是间接服务价值，以提高栖息地、消浪护岸、碳储存等功能。

以沿海35个国家级自然保护区为例，估算了其生态系统服务价值。结果显示，湿地生态系统总价值为 2066.36 亿元 / 年。从生态系统服务结构来看，支持服务所占比例最高（30.38%），其次为调节服务（30.10%），最低的为供给服务（16.68%）。沿海 35 个国家级自然保护区湿地的直接服务价值为 688.12 亿元 / 年，间接服务价值为 1378.24 亿元 / 年。其中，栖息地服务价值最高，为 627.77 亿元 / 年，其次为旅游休闲和消浪护岸服务（其价值分别为 343.59 亿元 / 年、303.24 亿元 / 年），蓄水调节和水质净化服务所提供的价值最低（分别为 90.89 亿元 / 年、62.52 亿元 / 年）。湿地消浪护岸的价值中，芦苇湿地、红树林及珊瑚礁提供的消浪护岸价值占比巨大。

值得注意的是，湿地生态系统间接服务价值约是直接服务价值的两倍，而这些价值在现实中很容易被忽视。因此，在保护区管理中，应更多地考虑湿地生态系统的整体性保护和资源的可持续利用，从湿地保护中获取长期的惠益。

结论4：滨海湿地保护仍然存在明显空缺，湿地保护地体系建设裹足不前，部分区划和规划无法满足滨海湿地保护的需求。

2019 年公众评选出的最值得关注的十块滨海湿地北起辽宁省葫芦岛，南至海南儋州湾，覆盖了海岸湿地、潮间带滩涂、河口、海湾、红树林等主要类型，地跨我国辽宁、河北、天津、山东、浙江、福建和海南七省（直辖市）。这些滨海湿地拥有丰富的生物多样性和生态功能，然而，多数未被列入我国现有的湿地保护体系中，湿地保护存在明显空缺。由于保护和发展的冲突以及环保督察的压力，地方政府进行保护地建设的动力不足，近两年来，未新增任何滨海湿地保护地。一些保护区的设置基于行政区划的考虑，无法满足滨海湿地保护的需求。同时，这些重要湿地面临不同的威胁，开展湿地保护和修复的需求迫切。

建议1：结合保护地体系改革与中国黄（渤）海候鸟栖息地世界自然遗产申请的契机，进一步扩增保护地面积，弥补关键栖息地的保护空缺。

2019 年 6 月，中共中央办公厅、国务院办公厅印发了《关于建立以国家公园为主体的自然保护地体系的指导意见》，提出构建统一的自然保护地分类分级管理体制，科学制定国家公园空间布局方案。这意味着有望扭转地方经济发展压力导致的保护地建设裹足不前的局面，实现保护地布局自上而下的顶层设计。

2019 年 7 月，中国黄（渤）海候鸟栖息地（第一期）获准列入《世界遗产名录》，而黄（渤）海候鸟栖息地（第二期）将于第 47 届世界遗产大会提请加入。结合上述契机，将本报告中具有独特价值、关键的栖息地，如长江以北的重要滨海湿地纳入新增保护地，将为滨海湿地，特别是东亚-澳大利西亚候鸟迁徙路线的水鸟保护做出重要贡献，为国际遗产保护提供中国模式。

建议2：加强滨海湿地修复技术支撑体系建设，进一步提升湿地修复的理论和技术能力。开展滨海湿地专项监测及保护和修复技术研发，为滨海湿地综合治理提供范本。

现有的部分湿地恢复工程，缺乏"追本溯源"的过程，注重眼前效果，忽视长远利益，一些湿地工程脱离了生态本身，使湿地恢复变成了工程项目，与恢复和保护湿地的初衷背道而驰。这主要与缺乏相应的理论和技术支撑有关。因此，建议加强滨海湿地专项监测及保护和修复技术研发，为滨海湿地综合治理提供范本。

首先，第三次全国国土调查中侧重了陆地生态系统的调查，对湿地生态系统而言，尚需"摸清家底"，特别是针对滨海湿地滩涂、红树林、海草床等开展专项调查，为湿地保护和修复提供本底数据。其次，加强滨海湿地恢复理论与技术研究，充分考虑其生态结构和功能的恢复。自然湿地（滩涂、河口三角洲、滩地）等本身具有较高的生态系统服务价值，而提供生物栖息地、净化和调节作用等间接价值容易被忽视。鉴于中国海岸带在生物多样性保护方面的重要地理位置，在实施海岸带生态修复"碧海蓝天"工程中，应优先开展自然湿地的修复，如加强水鸟、鱼类产卵场、红树林及岛礁等生境的重建，通过近自然的方式，以本土植被和动物的保护及恢复为目标，实现栖息地改造和修复。此外，避免走入"绝对保护"的极端。注重湿地功能的恢复和可持续利用，加强滨海湿地净化作用，以及贝类采集、红树林、珊瑚礁等资源的传统利用方式及技术研究，开展可持续利用的优化模式示范。提炼上述滨海湿地保护和修复的模式，应用于渤海湿地修复攻坚计划、退养还滩修复工程等中。同时，积极开展针对湿地规划、工程设计以及湿地管理等不同层级人员的技术培训。

建议3：确立地方政府在滨海湿地保护和管理中的主体地位，结合以"国家公园"为主体的保护地体系建设，理顺自然保护地分类体系，科学进行保护地体系建设和空间布局。

尽管国家层面的湿地立法和滨海湿地保护优先行动已逐步开展，然而，地方政府对滨海湿地保护的主体责任也不容忽视。特别是之前对滨海湿地造成毁灭性破坏的围垦和填海等工程，大多是地方政府追逐经济利益的牺牲品。在当前政策压力下，围填海工程被全面叫停，然而，地方政府处于被动保护的局面尚未缓解。近两年来，无新增和扩增湿地类型保护区，如何由被动保护趋于主动保护，任重而道远。

此外，长期以来，各级各类空间规划类型过多、内容重叠冲突，导致空间资源配置无序和低效。而这些在滨海湿地保护管理中也比较突出。例如，一些保护区的设置基于行政区划的考虑，陆域和海域的界限不清晰。滨海湿地和海洋类部分保护地边界重合，给管理带来诸多困难。

因此，立足现有空间规划存在的冲突问题，开展以国家公园为主体的自然保护地体系建设和顶层设计，明晰自然保护地管理职责问题，实现"山水林田湖草"生命共同体的统筹保护。同时，在国家层面"湿地保护法"的立法指引下，逐步加强地方政府湿地保护立法及规章建设。建立自然保护区、湿地公园等的保护和管理规章，明确主管部门职责，在依法保护和监管的同时，完善湿地资源管理确权和保护激励制度，确立湿地保护和管理中地方政府的主导作用，逐步改善保护地体系建设停滞不前的局面。

建议4：推进滨海湿地保护的社会参与，加强湿地自然教育。

滨海湿地保护是一项社会工程，需要国际组织、社会团体、企业及公众的配合与支持，形成滨海湿地保护的社会氛围。各界的关注与参与是滨海湿地保护中不可或缺的部分，将保护自然环境同人类的福祉相结合是当代自然保护的核心议题，自然教育正是将两者相结合的完美契机。与发达国家相比，中国的自然教育方兴未艾，存在巨大的潜力和发展空间。非政府组织（NGO）在这方面可以起到重要的作用，如结合世界湿地日、爱鸟周、保护野生动物宣传月等组织专题活动、实践活动、知识讲座与科普宣传等。一些自然保护区开始尝试自然教育市场化、规范化运营，探索自然教育盈利模式，提升社会责任感。例如，红树林湿地保护基金会在深圳湾湿地公园，阿拉善SEE基金会华东项目中心在上海崇明东滩的自然教育推动公众、增强企业社会责任感等方面取得一些成效。此外，中国沿海湿地保护网络的成立和发展，为增强湿地保护中社会、公众与政府之间的交流和合作提供了平台。

附　录

中国沿海湿地保护绿皮书（2019）

附录1 生态系统服务价值量化方法

1. 食物供给

食物供给主要是指湿地生态系统提供的鱼、虾、蟹、贝等水产品作为人们生活食品的服务，是湿地生态系统提供的最直接的服务功能。按照食物获取途径，湿地生态系统的食物供给分为捕捞和养殖两类。海洋捕捞渔业主要作业的沿岸浅海区、近海区、外海区水深均超过40m，收获的渔获物的范围均在滨海湿地之外，因此本报告仅使用保护区内养殖区域的养殖量及其价值作为评估依据。水产品市场价格明确，可以在市场上直接进行交换，所以食物供给的价值量采用市场价值法进行估算，公式如下：

$$V_f = \sum_j S_j \times Y_{jf} \times Q_{jf}$$

式中，V_f 为湿地食物供给价值；S_j 为第 j 类湿地面积（hm^2）；Y_{jf} 为第 j 类湿地单位面积水产品产量（t/hm^2）；Q_{jf} 为第 j 类湿地的水产品市场价格（元/t）。

数据来源：通过沿海各地级市2016年统计年鉴（无统计年鉴的个别市，采用《中国渔业统计年鉴2016》、统计公报及文献数据代替），收集2015年保护区所在地级市的养殖产值、产量及面积数据，计算每个地级市的单位面积养殖产品产量，根据养殖产值计算单位重量水产品价格，作为处于该地级市保护区的单位面积养殖产量及单位重量水产品价格。35个国家级自然保护区矢量边界数据源于中国科学院资源环境科学数据中心（http://www.resdc.cn），基于矢量边界得到的保护区面积与公布的保护区面积数据存在一定差异。保护区内的养殖区域面积数据源于中国科学院烟台海岸带研究所侯西勇课题组的中国沿海土地利用数据集（邸向红等，2014；侯西勇等，2018），最终得到2015年中国沿海保护区湿地食物供给价值量。

2. 原材料供给

主要是指湿地生态系统提供的用于人们造纸、化工、加工等生产活动的各种初级产品的服务，如用于造纸的芦苇、原盐生产等。原材料供给分为植物资源和原盐两部分来计算，采用市场价值法对原材料供给服务价值进行估算。公式如下：

$$V_m = V_v + V_y$$

$$V_v = \sum_j S_j \times \text{NPP} \times 2.2 \times Q_{vv} / 10^2$$

$$V_y = \sum_j S_j \times Y_{jy} \times Q_{yv}$$

式中，V_m 为湿地原材料供给价值；V_v 为植物资源价值；V_y 为原盐产量价值；S_j 为第 j 类湿地面积（hm^2）；NPP 为植物资源年生物量 [如果 NPP 单位为 g C/($m^2 \cdot a$)，则先将 NPP 的生物碳含量换成有机物质量 1g C=2.2g 有机质]；Q_{vv} 为植被资源单价（元/t）；Y_{jy} 为第 j 类湿地的单位面积原盐产量（t/hm^2）；Q_{yv} 为原盐单价（元/t）。

数据来源：NPP 数据，NASA EOS/MODIS 的 NPP 数据 MOD17A3（分辨率为 1000m），数据下载地址为 http://files.ntsg.umt.edu/data/NTSG_Products/MOD17/GeoTIFF/MOD17A3/GeoTIFF_30arcsec/。单位面积原盐产量由文献数据获取，植物资源单价及原盐单价通过政府价格网站及文献数据获得（以下各项服务计算中涉及的价格和单位面积服务价值均参见附表 5）。35 个国家级自然保护区矢量边界数据源于中国科学院资源环境科学数据中心（http://www.resdc.cn），基于矢量边界得到的保护区面积与公布的保护区面积数据存在一定差异。保护区湿地面积数据源于中国科学院烟台海岸带研究所侯西勇课题组的中国沿海土地利用数据集（邸向红等，2014；侯西勇等，2018），其中江苏大丰麋鹿国家级自然保护区湿地面积数据参考文献数据（详见附录 2 中"面积"部分文献），保护区红树林面积数据源于大自然保护协会（The Nature Conservancy，TNC）共享资源红树林分布矢量数据 mongrove_TNC2014（以下各生态系统服务价值评估中，使用的保护区湿地面积数据及红树林面积数据来源均与此相同）。

3. 消浪护岸

主要是指滨海湿地及其植被作为第一道天然屏障，缓冲和减轻风暴潮、海浪等对近岸的冲击，削弱风暴潮前进中的破坏作用，缩减其深入陆地的覆盖面积，从而减少财产损失和人员伤亡的服务。使用效益转移法对湿地消浪护岸价值进行计算，公式如下：

$$V_w = \sum_j S_j \times Q_{jw}$$

式中，V_w 为湿地消浪护岸价值；S_j 为第 j 类湿地面积（hm^2）；Q_{jw} 为第 j 类湿地的单位面积消浪护岸价值（元/hm^2）。

数据来源：各湿地类型的单位面积消浪护岸价值由文献数据并结合各植被类型波浪衰减 80% 所需的植被带宽度确定。结合 2015 年中国沿海保护区湿地面积数据，最终得到 2015 年中国沿海保护区湿地的消浪护岸价值。因沿海湿地消浪护岸服务价值的相关研究文献数量不多，不排除基于目前文献数据计算的消浪护岸价值被低估的可能性。

4. 水质净化

主要是指人类生产、生活产生的废水通过地面径流、直接排放等方式进入湿地，其中的氮（N）、磷（P）等污染物被湿地吸收、截留，使水质得到净化和改善，从而降低人工处理成本的服务。使用防治成本法来计算水质净化的价值，根据不同湿地类型的单位面积N、P去除量，计算湿地可去除N、P的总量，结合N、P去除成本，得出湿地水质净化的价值，公式如下：

$$V_q = \sum_j S_j \times N_j \times Q_{nv} + \sum_j S_j \times P_j \times Q_{pv}$$

式中，V_q为湿地的水质净化价值；S_j为第j类湿地面积（hm²）；N_j为第j类湿地单位面积氮去除量（kg/hm²）；P_j为第j类湿地单位面积磷去除量（kg/hm²）；Q_{nv}为氮的处理成本（元/kg）；Q_{pv}为磷的处理成本（元/kg）。

数据来源：根据不同湿地类型，通过文献收集各湿地类型的单位面积N、P去除量（见附录2），结合2015年中国沿海保护区空间分布及其湿地面积数据，计算保护区湿地N、P去除量。通过文献数据，确定N、P处理成本（专栏1），最终得到2015年中国沿海保护区湿地的水质净化价值。

专栏1 水质净化文献整理过程中参考的相关方法和参数处理

对于湿地水质净化服务的价值，主要依据数据可获取情况来进行评估方法的选择，评估方法主要包括两种。①价值单量法：根据单位面积水质净化价值，结合湿地面积，计算价值量，其中的单位面积水质净化价值可通过三种途径获得。第一，文献数据；第二，通过单位面积湿地去除污染物的量来间接计算；第三，通过单位体积水质净化价值乘以降解系数得到（降解系数由环境水质级别确定：Ⅱ级水质0.2，Ⅲ级0.15，Ⅳ级0.1，Ⅴ级0.05），可视为一种价值量区域校正法。②污染物去除量法：通过计算污染物的去除量，结合污染物去除成本，计算价值量。其中，污染物去除量可通过两种途径获得。第一，InVEST模型通过污染物输入量、污染物持留率（模型给出的植被区污染物持留率为60%~80%，中间地带为50%，无植被区为0）、污染阈值（环境要求值）来确定污染物去除量；第二，湿地水量乘以进出水口污染物浓度差从而计算污染物去除量。这两种方法都需要不同形式的污染物输入量数据，限于目前污染物数据无法获得，故舍弃污染物去除量法。最终决定使用价值单量法中的通过单位面积湿地去除污染物的量进行间接计算，从而获得水质净化服务价值。

> 根据目前研究区文献数据情况，利用如下方式进行数据收集整理：收集主要湿地植被（芦苇、香蒲、碱蓬、互花米草、海三棱藨草、红树林）或其所在湿地N、P的吸收量或N、P储量[kg/(hm²·a)]数据，并同步收集所在文献中研究年份、研究方法、经纬度、湿地类型、植被类型等数据，在ArcGIS 10.2中，使用Geostatistical Analyst的普通克里金法，针对所涉及的不同湿地类型，对文献数据进行空间插值，从而得到各自然保护区湿地单位面积N、P去除量，结合湿地面积数据，以及由文献数据获得的N、P处理成本，最终对水质净化价值进行计算。

5. 蓄水调节

湿地生态系统具有强大的蓄水功能，在洪水期间可以积蓄大量的洪水，缓解洪峰造成的损失，同时储备大量的水资源，可在干旱季节提供生活、生产用水。根据DEM数据及保护区空间分布数据，估算保护区湿地生态系统的蓄水量，并应用影子工程法计算蓄水调节功能价值，公式如下：

$$V_i = Y_i \times Q_{iv}$$

式中，V_i 为湿地蓄水调节价值；Y_i 为湿地蓄水量（m³）；Q_{iv} 为2015年修建1m³水库库容的平均价格（元/m³）。

数据来源：湿地蓄水量通过GIS软件计算得到。具体步骤如下：使用2015年中国沿海自然保护区的边界矢量数据，对DEM数据进行裁剪，得到位于研究区的DEM数据，通过DEM进行0m以下区域的体积计算，并使用湿地面积×0.81m（引用文献中的湿地水深）对体积数据进行修正，得到最终的湿地蓄水量。其中，DEM数据源于美国国家航空航天局（NASA）与日本经济产业省（METI）共同推出的地球电子地形数据ASTER GDEM，多区域数据合并后，分辨率为100m。修建水库库容价格通过文献数据确定。

6. 碳储存

碳储存主要是指湿地生态系统通过光合作用捕获碳，从而减缓温室效应的服务。海岸带湿地生态系统的碳主要由红树林、盐沼等生境捕获的生物量碳和储存在沉积物（或土壤）中的碳组成。参考InVEST模型的计算方法，对中国沿海保护区湿地的碳储量价值进行计算，公式如下：

$$V_c = \sum_j S_j \times \left(D_{jav} + D_{jbv} + D_{jg} + D_{js}\right) \times Q_{cv}$$

式中，V_c 为湿地碳储存的价值；S_j 为第 j 类湿地面积（hm²）；D_{jav}、D_{jbv}、D_{jg}、D_{js} 分别为第 j 类湿地地上植被、地下植被、凋落物、土壤（0~100cm）碳密度（t/hm²）；Q_{cv} 为单位重量的固碳价值（元/t C）。

数据来源：保护区内的不同类型湿地单位面积植被（地上、地下）碳密度、凋落物碳密度、土壤碳密度通过保护区空间分布及文献数据获取（见附录2，专栏2），单位重量的固碳价值由2015年的碳排放权-碳交易价格数据确定。

专栏2　碳密度文献整理过程中参考的相关系数

在进行文献数据整理的过程中，如果文献 CO_2 数据单位是 mg/hm²，应当乘以 12/44（即 0.272 727），转换为碳元素的值，所收集的文献的单位统一为 kg C/m²（1mg/hm²=0.1kg/m²，1t/hm²=0.1kg/m²），并在最终计算过程中转换为 t C/hm²。

对于无碳密度数据的文献，其对应的碳密度通过"生物量 × 含碳系数（0.5）"得到。草本的地下部分生物量积累很大，芦苇的地上生物量为其地下生物量的1/3，海三棱藨草的地上生物量为其地下生物量的3倍，这一比例作为估算草本植被未测定部分（地上或地下）生物量的依据。红树林植被部分碳密度是通过测定植被生物量实现的，在生物量的基础上乘以植被含碳系数来计算其碳密度。在早期的红树林生物量碳密度研究中选择含碳系数0.45，现在国际上多采用0.5。

长江口区域潮滩地貌分带明显，小潮高潮位附近出现海三棱藨草（*Scirpus mariqueter*），向上逐渐连成片状，小潮高潮位以下是光滩；大潮高潮位以上分布有以芦苇（*Phragmites australis*）为主的植被。海三棱藨草是中国的特有物种。海三棱藨草群落是该区域的特征群落，仅分布于长江口至杭州湾一带的中潮带中、上部和高潮带下部，作为高等植物的先锋种，在这里占据绝对优势。该群落基本上由单一物种组成，高60~80cm，盖度70%以上。芦苇是长江口湿地中数量最多、分布最广的一种高等植物，从长江口北支的江苏沿岸滩涂一直到杭州湾北部均有分布，一般仅分布于高潮区。优势芦苇群落高度一般为2~3m，盖度在80%以上。发育良好的芦苇群落郁闭度很高，常形成单种植丛。长江口湿地植被在10月生物量达到最大。

全国第二次土壤普查中的土壤数据多以有机质含量表示，采用系数0.58进行有机质和有机碳之间的转换，0.58是土壤有机质中碳含量的平均值，由于土壤有机碳（SOC）含量在有机质中为55%～65%，国际上采用0.58作为碳含量转换系数（Post et al., 1985）。Chmura等（2003）对涉及全球154个研究样地的数据分析结果显示，红树林湿地平均土壤碳密度为0.055g/cm^3，盐沼湿地为0.039g/cm^3，土壤碳密度随着年平均气温的升高而下降，而对于同一气候区域，土壤碳密度的最大特点是具有极强的变异性，海拔低、水淹频率高、悬浮沉积物供应多、沉积速度快的河口湿地，其碳密度明显增加。

由于SOC多分布于土壤剖面1m以内，因此，本研究选择1m作为评估深度。在文献整理过程中，根据相似区域的土壤碳密度垂直分布情况进行不同深度碳密度的估算和统一。在碳密度文献数据的收集过程中，各个文献中的土壤碳密度研究中采集土样的土层深度有20cm、30cm、50cm、60cm、80cm、100cm，本研究以100cm作为土壤层研究深度。因此，在文献数据整理过程中，需要将土壤碳密度数据统一估算为100cm的碳密度量。不同区域不同土地利用植被类型，参考附表1~附表4的数据。

附表1　草本植被及光滩各个土壤层碳密度分布百分比（%）

土地利用	0~10cm	10~20cm	20~50cm	50~100cm
光滩	11.01	10.81	26.48	51.70
芦苇	12.8	12.9	31.36	42.95
碱蓬	15.33	12.94	35.8	35.93
柽柳	8.76	5.4	22.54	63.30
密集的碱蓬	16.57	11.38	25.61	46.45

附表2　草本植被及光滩由原土层深度转换为1m深度碳密度的转换系数

土地利用	100cm/20cm	100cm/30cm	100cm/50cm	100cm/60cm
光滩	4.58	3.26	2.07	1.71
芦苇	3.89	2.77	1.75	1.52
碱蓬	3.54	2.49	1.56	1.40
柽柳	7.06	4.61	2.72	2.03
密集的碱蓬	3.58	2.74	1.87	1.59

注：以上数据参考文献见附录2，王启栋（2016）

附表3　红树林植被各个土壤层碳密度分布百分比（%）

土地利用	0~20cm	20~40cm	40~60cm	60~80cm	80~100cm
无瓣海桑	5.6	6	2.9	2.1	4.6
红海榄	9.65	9.2	2.7	2.9	2.2
海莲	3.3	4.1	4.5	5.4	4
白骨壤	10.3	5.1	3.1	3.25	4
角果木	17.6	3.75	2.2	2.3	2.5
桐花树	7	16	1	2	2.7

附表4　红树林植被由原土层深度转换为1m深度碳密度的转换系数

土地利用	100cm/20cm	100cm/30cm	100cm/50cm	100cm/60cm
无瓣海桑	3.79	2.47	1.62	1.46
红海榄	2.76	1.87	1.32	1.27
海莲	6.45	3.98	2.21	1.79
白骨壤	2.5	2.00	1.52	1.39
角果木	1.61	1.46	1.26	1.20
桐花树	4.1	1.91	1.22	1.20

注：以上数据参考文献见附录2，黄星（2017）

2010年三江平原土壤有机碳在0~30cm、30~60cm、60~100cm三个层次分配的比例分别是49%、26%和0.25%［参考附录2苗正红（2013）］。

7. 旅游休闲

主要是指湿地为人们提供旅游、观鸟、摄影、垂钓等活动的场所、机会和条件，使人们得到美学体验和精神享受的服务。使用替代价值法来计算湿地旅游休闲价值，公式如下：

$$V_t = \sum_j S_j \times Q_{jt}$$

式中，V_t为湿地旅游休闲价值；S_j为第j类湿地的面积（hm²）；Q_{jt}为第j类湿地的单位面积旅游休闲价值（元/hm²）。

数据来源：各个湿地类型的单位面积旅游休闲价值由文献数据获得（见附录2），结合2015年中国沿海保护区湿地面积数据，最终得到2015年中国沿海保护区湿地旅游休闲价值。

8. 地方感

主要是指人们从在湿地附近生活、参与构成湿地景观或单纯知道这些地方和它们的特有物种存在中获得的文化认同感或者感知价值，是人们对湿地文化、精神、审美等无形价值的认知。使用替代价值法来计算湿地地方感价值，公式如下：

$$V_s = \sum_j S_j \times Q_{js}$$

式中，V_s 为湿地地方感价值；S_j 为第 j 类湿地的面积（hm²）；Q_{js} 为第 j 类湿地的单位面积地方感价值（元/hm²）。

数据来源：各个湿地类型的单位面积地方感价值由文献数据获得（见附录2），在收集文献数据时，主要收集文献中各个湿地类型存在价值的相关数据，结合2015年中国沿海保护区湿地面积数据，最终得到2015年中国沿海保护区湿地地方感价值。

9. 栖息地服务

主要是指湿地不仅维持丰富的生物多样性，还为其提供重要的产卵场、越冬场和避难所等栖息地的服务，是保证和支撑其他生态系统服务所必需的基础服务。使用替代价值法来计算湿地栖息地服务价值，公式如下：

$$V_h = \sum_j S_j \times Q_{jh}$$

式中，V_h 为湿地栖息地服务价值；S_j 为第 j 类湿地面积（hm²）；Q_{jh} 为第 j 类湿地的单位面积栖息地服务价值（元/hm²）。

数据来源：各个湿地类型的单位面积栖息地服务价值由文献数据获得（见附录2），结合2015年中国沿海保护区湿地面积数据，最终得到2015年中国沿海保护区湿地栖息地服务价值。

附表5　生态系统服务价值评估价格参考表

地类	消浪护岸（元/hm²）	旅游（元/hm²）	地方感（元/hm²）	栖息地（元/hm²）
河渠		173 668	25 375	23 525
湖泊		173 668	25 375	21 193
水库坑塘		15 955	9 264	15 760
滩地	30 777	604 317	6 691	63 450
滩涂	6 383	32 341	7 826	166 608
河口	6 383	32 341	7 826	42 969
河口三角洲（杭州湾以北）	127 666	32 341	7 826	42 969
河口三角洲（杭州湾以南）	98 912	32 341	7 826	42 969
潟湖	27 603	15 955	885	10 327
浅海水域	6 383	16 171	7 826	42 969
盐田	3 192	0	0	5 037
养殖	3 192	0	0	0
红树林	51 066	17 057	142 015	24 454
珊瑚礁	165 179	40 344	60 934	78 793

物理量	单位价格
芦苇平均市场价格（元/t）	586.12
红树林立木平均市场价格（元/t）	2 268.83
原盐价格（元/t）	132
生活污水P处理成本（元/kg）	776.40
生活污水N处理成本（元/kg）	36.90
当年修建1m³水库库容的平均价格（元/m³）	7.77
碳排放权-碳交易价格（元/tC）	146.7

附表6 35个国家级自然保护区生态系统服务价值量（2015年价格水平）

（单位：万元）

序号	保护区名称	食物供给	原材料供给	消浪护岸	水质净化	蓄水调节	碳储存	旅游休闲	地方感	栖息地
1	辽宁辽河口国家级自然保护区	101 277	170 423	547 607	216 604	26 555	141 070	315 882	72 432	512 846
2	辽宁丹东鸭绿江口滨海湿地国家级自然保护区	54 579	40 261	122 956	34 865	12 484	101 122	174 904	57 547	357 832
3	河北昌黎黄金海岸国家级自然保护区	1 787	312	1 091	231	1 440	2 216	7 517	1 436	7 215
4	辽宁大连斑海豹国家级自然保护区	3 094	142	142 292	0	21 495	295 210	362 632	175 906	955 800
5	辽宁大连城山头海滨地貌国家级自然保护区	0	0	137	0	46	278	435	179	1 147
6	辽宁蛇岛老铁山国家级自然保护区	778	112	2 270	0	800	4 739	5 628	2 725	14 980
7	山东滨州贝壳堤岛与湿地国家级自然保护区	187 672	13 345	29 581	147	41 648	81 998	102 499	26 889	202 938
8	天津古海岸与湿地国家级自然保护区	49 893	8 677	13 916	17 620	74 126	25 364	280 766	13 568	38 839
9	山东黄河三角洲国家级自然保护区	23 989	228 741	478 262	140 225	217 133	172 578	363 167	98 344	664 777
10	山东长岛国家级自然保护区	0	0	86 977	0	295	177 380	220 713	106 639	588 277
11	山东荣成大天鹅国家级自然保护区	0	259	480	174	4 120	1 637	13 978	2 006	4 812
12	江苏盐城湿地珍禽国家级自然保护区	1 875 283	284 208	591 491	144 441	344 320	264 967	422 882	118 435	120 1173
13	江苏大丰麋鹿国家级自然保护区	89	3 497	7 752	2 000	426	1 583	6 389	1 433	20 153
14	上海崇明东滩鸟类国家级自然保护区	3 995	54 862	92 050	22 468	30 734	29 861	129 632	27 683	96 688
15	上海九段沙湿地国家级自然保护区	657	30 048	55 095	15 427	68 482	36 698	280 341	38 981	139 410
16	浙江象山韭山列岛海洋生态国家级自然保护区	0	0	50 678	0	0	81 515	128 391	62 135	341 156
17	浙江南麂列岛国家级自然保护区	0	0	9 970	0	31	12 879	25 259	12 224	67 118
18	福建闽江口湿地国家级自然保护区	2 426	3 482	3 905	1 195	0	1 970	4 605	2 152	10 908
19	福建厦门珍稀海洋物种国家级自然保护区	11 561	3 964	12 506	1 383	4 380	14 740	27 792	13 190	64 206
20	福建深沪湾海底古森林遗迹国家级自然保护区	15 059	16	5 083	16	1 387	7 216	13 281	6 241	34 644
21	福建漳江口红树林国家级自然保护区	8 870	3 503	2 824	1 241	2 450	1 518	8 295	2 369	3 922
22	广东南澎列岛国家级自然保护区	0	0	4 695	0	0	6 730	11 893	5 756	31 603
23	广东惠东港口海龟国家级自然保护区	0	0	137	0	0	201	346	168	920
24	广东内伶仃岛-福田国家级自然保护区	1 103	2 590	671	238	1 235	638	723	1 518	1 670
25	广东珠江口中华白海豚国家级自然保护区	0	0	29 866	0	0	43 840	75 664	36 618	201 052
26	广西山口红树林生态国家级自然保护区	20 300	15 582	9 277	2 987	2 166	8 799	16 368	16 561	26 680
27	广西北仑河口红树林国家级自然保护区	12 251	16 268	8 692	2 667	934	7 249	12 542	15 679	26 947
28	广西合浦儒艮国家级自然保护区	2 739	0	16 893	0	0	21 954	42 705	20 667	113 473
29	广东徐闻珊瑚礁国家级自然保护区	3 162	3	248 783	0	1 974	13 123	60 753	91 758	118 653
30	广东湛江红树林国家级自然保护区	72 931	70 622	31 760	16 321	42 663	37 693	151 075	62 208	90 115
31	广东雷州珍稀海洋生物国家级自然保护区	840	0	17 113	0	544	22 615	43 322	20 966	115 113
32	海南铜鼓岭国家级自然保护区	0	249	25 007	317	962	1 716	9 953	9 292	12 914
33	海南东寨港国家级自然保护区	14 154	25 050	10 239	4 328	5 571	10 794	20 403	23 224	30 434
34	海南万宁大洲岛国家级海洋生态自然保护区	0	0	143	0	62	211	363	176	964
35	海南三亚珊瑚礁国家级自然保护区	0	516	372 241	348	396	21 765	94 847	137 321	178 333

附录2 生态系统服务价值评估参考的文献

1. 水质净化

白军红，王庆改，高海峰，等．2010．向海沼泽湿地芦苇中氮含量动态变化和循环特征．湿地科学，8（2）：164-168．

常雅军，张亚，刘晓静，等．2017．碱蓬（Suaeda glauca）对不同程度富营养化养殖海水的净化效果．生态与农村环境学报，33（11）：1023-1028．

陈桂珠，缪绅裕，黄玉山，等．1996．人工污水中的N在模拟秋茄湿地系统中的分配循环及其净化效果．环境科学学报，（1）：44-50．

陈忠．2007．广东省红树林生态系统净化功能及其价值评估．广州：华南师范大学硕士学位论文．

高锋，李晨．2013．红树林人工湿地处理含海水污水效果研究．浙江海洋学院学报（自然科学版），32（5）：426-429．

高云芳，李秀启，董贯仓，等．2010．黄河口几种盐沼植物对滨海湿地净化作用的研究．安徽农业科学，38（34）：19499-19501，19512．

何太蓉，杨永兴．2006．三江平原湿地植物群落P、K的积累、动态及其生物循环．海洋与湖沼，（2）：178-183．

胡健楠．2018．盐地碱蓬人工湿地去除海水养殖废水中氮磷污染物及其机制研究．济南：山东大学硕士学位论文．

胡杰，王晓俊，王趁义，等．2018．碱蓬浮床对海水养殖尾水的修复效果．水土保持通报，38（2）：281-284，291．

李丽．2011．11种湿地植物在污染水体中的生长特性及对水质净化作用研究．广州：暨南大学硕士学位论文．

李娜．2014．广东沿海红树林海洋生态效应研究．上海：上海海洋大学硕士学位论文．

林鹏，林光辉．1985．九龙江口红树林研究Ⅳ．秋茄群落的氮、磷的累积和循环．植物生态学与地植物学丛刊，（1）：21-31．

刘佳宁．2016．盐生植物人工湿地系统处理含盐废水的机制研究．济南：山东大学硕士学位论文．

刘长娥，杨永兴．2008．九段沙芦苇湿地生态系统N、P、K的循环特征．生态学杂志，（3）：418-424．

刘长娥，杨永兴，杨杨．2008．九段沙上沙湿地植物N、P、K的分布特征与季节动态．生态学杂志，（11）：1876-1882．

罗穗华．2005．红树植物人工湿地处理生活污水的净化效应及其机理研究．广州：中山大学硕士学位论文．

缪绅裕，陈桂珠，黄玉山，等．1999．人工污水中的磷在模拟秋茄湿地系统中的分配与循环．生态学报，19（2）：94-99．

潘军标，王栋，王趁义，等．2018．碱蓬对富营养化海水养殖水体中氮磷的去除研究．环境保护科学，44（2）：37-41．

苏云华，杨桐．2018．秋季湿地植物收割对氮、磷污染物去除能力影响浅析——以罗时江湿地为例．环境科学导刊，37（4）：30-33．

熊元武．2017．近自然恢复湿地植被演替与营养盐去除的相互作用研究．北京：华北电力大学硕士学位论文．

杨琼，蓝崇钰，谭凤仪，等．2014．红树林人工湿地对生活污水的净化效果．生态学杂志，33（9）：2510-2517．

杨永兴，刘长娥，杨杨．2009a．长江河口九段沙海三棱藨草湿地生态系统 N、P、K 的循环特征．生态学杂志，28（10）：1977-1985．

杨永兴，刘长娥，杨杨．2009b．长江河口九段沙互花米草湿地生态系统 N、P、K 的循环特征．生态学杂志，28（2）：223-230．

于晓玲，李春强，王树昌，等．2009．红树林生态适应性及其在净化水质中的作用．热带农业工程，33（2）：19-23．

曾雯珺．2009．无瓣海桑与芦苇湿地净化污水效应研究．北京：中国林业科学研究院硕士学位论文．

张德喜．2018．不同人工湿地植物对生活污水净化效果研究．基因组学与应用生物学，37（4）：1621-1628．

张力．2013．耐盐植物对含盐污水净化效果及生理生化响应．舟山：浙江海洋学院硕士学位论文．

张志永，郑志伟，彭建华，等．2013．淡水环境下 3 种红树植物对氮磷的去除效应．水生态学杂志，34（5）：47-53．

赵丽娜，丁为民，鲁亚芳，等．2007．几种春季湿地植物对污水中主要污染物去除效果的比较．污染防治技术，（1）：25-27．

庄大昌．2005．洞庭湖湿地资源间接利用价值评估．湖南文理学院学报（社会科学版），（6）：15-18．

Ye Y, Tam N F Y, Wong Y S. 2001. Livestock wastewater treatment by a mangrove pot-cultivation system and the effect of salinity on the nutrient removal efficiency. Marine Pollution Bulletin, 42（6）：513-521.

2. 消浪护岸

陈玉军，廖宝文，黄勃，等．2011．红树林消波效应研究进展．热带生物学报，2（4）：378-382．

范航清．1995．广西沿海红树林养护海堤的生态模式及其效益评估．广西科学，（4）：48-53．

葛芳，田波，周云轩，等．2018．海岸带典型盐沼植被消浪功能观测研究．长江流域资源与环境，27（8）：1784-1792．

韩维栋，高秀梅，卢昌义．2000．中国红树林生态系统的生态价值评估．生态科学，1：23-29．

李怡．2010．广东省沿海防护林综合效益计量与实现研究．北京：北京林业大学博士学位论文．

许健民．2001．黄河三角洲（东营市）湿地评价与可持续利用研究．北京：中国农业科学院博士学位论文．

易小青，高常军，魏龙，等．2018．湛江红树林国家级自然保护区湿地生态系统服务价值评估．生态科学，37（2）：61-67．

Costanza R, de Groot R, Sutton P, et al. 2014. Changes in the global value of ecosystem services. Global Environmental Change, 26：152-158.

Ledoux L, Turner R K. 2002. Valuing ocean and coastal resources: a review of practical examples and issues for further action. Ocean & Coastal Management, 45：583-616.

3. 碳储存

曹磊．2014．山东半岛北部典型滨海湿地碳的沉积与埋藏．青岛：中国科学研究生院（海洋研究所）博士学位论文．

曹庆先．2010．北部湾沿海红树林生物量和碳贮量的遥感估算．北京：中国林业科学研究院博士学位论文．

陈学梅, 缪绅裕, 王厚麟, 等. 1999. 大亚湾红树植物群落生态学研究. 广州师院学报 (自然科学版), (2): 92-96.

迟传德, 许信旺, 吴新民, 等. 2006. 安徽省升金湖湿地土壤有机碳储存及分布. 地球与环境, (3): 59-64.

揣小伟, 黄贤金, 郑泽庆, 等. 2011. 江苏省土地利用变化对陆地生态系统碳储量的影响. 资源科学, 33 (10): 1932-1939.

丁冬静, 廖宝文, 管伟, 等. 2016. 东寨港红树林自然保护区滨海湿地生态系统服务价值评估. 生态科学, 35 (6): 182-190.

董洪芳, 于君宝, 孙志高, 等. 2010. 黄河口滨岸潮滩湿地植物 - 土壤系统有机碳空间分布特征. 环境科学, 31 (6): 1594-1599.

冯忠江, 赵欣胜. 2008. 黄河三角洲芦苇生物量空间变化环境解释. 水土保持研究, (3): 170-174.

高天伦. 2018. 广东省雷州附城主要红树林群落碳储量及其影响因子. 北京: 中国林业科学研究院硕士学位论文.

郭旭东, 常青, 刘筱, 等. 2017. 基于碳储量视角的城镇土地利用模式与生态效益分异特征. 中国土地科学, 31 (4): 61-70.

国志兴, 王宗明, 宋开山, 等. 2008. 三江平原沼泽湿地植被净初级生产力空间变化特征分析. 湿地科学, (3): 372-378.

郝翠. 2012. 滨海新区土地利用与土壤有机碳动态变化预测研究. 天津: 南开大学硕士学位论文.

何琴飞, 郑威, 黄小荣, 等. 2017. 广西钦州湾红树林碳储量与分配特征. 中南林业科技大学学报, 37 (11): 121-126.

侯雪景, 印萍, 丁旋, 等. 2012. 青岛胶州湾大沽河口滨海湿地的碳埋藏能力. 海洋地质前沿, 28 (11): 17-26.

胡畔. 2017. 松嫩平原西部沼泽湿地碳储量估算. 延吉: 延边大学硕士学位论文.

黄灵玉. 2015. 广东红树林土壤有机碳分布特征及其影响因素研究. 桂林: 广西师范学院硕士学位论文.

黄炜娟. 2008. 闽江河口湿地碳储量的研究. 福州: 福建农林大学硕士学位论文.

黄星. 2017. 红树林土壤有机碳、重金属特征对红树林景观格局变化的响应——海南东寨港和广西钦州湾为例. 上海: 华东师范大学博士学位论文.

霍莉莉. 2013. 沼泽湿地垦殖前后土壤有机碳垂直分布及其稳定性特征研究. 长春: 中国科学院研究生院 (东北地理与农业生态研究所) 博士学位论文.

贾瑞霞, 仝川, 王维奇, 等. 2008. 闽江河口盐沼湿地沉积物有机碳含量及储量特征. 湿地科学, 6 (4): 492-499.

姜俊彦, 黄星, 李秀珍, 等. 2015. 潮滩湿地土壤有机碳储量及其与土壤理化因子的关系——以崇明东滩为例. 生态与农村环境学报, 31 (4): 540-547.

姜蓝齐, 臧淑英, 张丽娟, 等. 2017. 松嫩平原农田土壤有机碳变化及固碳潜力估算. 生态学报, 37 (21): 7068-7081.

姜刘志, 杨道运, 梅立永, 等. 2018. 深圳市红树植物群落碳储量的遥感估算研究. 湿地科学, 16 (5): 618-625.

金亮, 卢昌义, 叶勇, 等. 2013. 九龙江口秋茄红树林储碳固碳功能研究. 福建林业科技, 40 (4): 7-11.

康文星, 田徽, 何介南, 等. 2009. 洞庭湖湿地植被系统的碳贮量及其分配. 水土保持学报, 23 (6): 129-133, 148.

康文星，赵仲辉，田大伦，等．2008．广州市红树林和滩涂湿地生态系统与大气二氧化碳交换．应用生态学报，19（12）：2605-2610．

李博，刘存歧，王军霞，等．2009．白洋淀湿地典型植被芦苇储碳固碳功能研究．农业环境科学学报，28（12）：2603-2607．

李继红，支伟峰，陈文曲，等．2018．基于RS的哈尔滨市土地利用变化对碳储量的影响．森林工程，34（2）：40-44，49．

李梦．2018．广西海草床沉积物碳储量研究．桂林：广西师范学院硕士学位论文．

李娜．2014．广东沿海红树林海洋生态效应研究．上海：上海海洋大学硕士学位论文．

李雪梅．2016．天津市滨海新区1979—2013年土地利用及土壤有机碳储量空间变化．水土保持通报，36（3）：136，140，369．

李真．2013．海南岛红树林湿地土壤有机碳库分布特征研究．海口：海南师范大学硕士学位论文．

廖宝文，郑德璋，李云，等．1999．不同类型海桑-秋茄人工林地上生物量及营养元素积累与分布．应用生态学报，（1）：13-17．

廖小娟，何东进，王韧，等．2013．闽东滨海湿地土壤有机碳含量分布格局．湿地科学，11（2）：192-197．

林光辉，林鹏．1988．海莲、秋茄两种红树群落能量的研究．植物生态学与地植物学学报，（1）：33-41．

林慧，曾思齐，王光军，等．2015．海南清澜港杯萼海桑生态系统碳密度及分配特征．西北林学院学报，30（6）：33-38．

林慧，曾思齐，王光军，等．2015．海南文昌清澜港海莲-黄槿生态系统碳密度及分配格局．中南林业科技大学学报，35（11）：99-103．

林鹏，胡宏友，郑文教，等．1998．深圳福田白骨壤红树林生物量和能量研究．林业科学，（1）：20-26．

林鹏，卢昌义，林光辉，等．1985．九龙江口红树林研究——Ⅰ．秋茄群落的生物量和生产力．厦门大学学报（自然科学版），（4）：508-514．

林鹏，卢昌义，王恭礼，等．1990．海莲红树林的生物量和生产力．厦门大学学报（自然科学版），（2）：209-213．

林鹏，尹毅，卢昌义．1992．广西红海榄群落的生物量和生产力．厦门大学学报（自然科学版），（2）：199-202．

林鹏，胡宏友，王文卿．1995．厦门东屿白骨壤群落生物量和能量．厦门大学学报（自然科学版），（2）：282-286．

刘刚．2011．洪湖市湿地景观演替及碳储量研究．长沙：中南林业科技大学博士学位论文．

刘钰．2013．九段沙植被分布区碳汇功能评估．上海：华东师范大学硕士学位论文．

马安娜，陆健健．2011．长江口崇西湿地生态系统的二氧化碳交换及潮汐影响．环境科学研究，24（7）：716-721．

毛子龙．2010．1890～2029年白城市土地利用/覆被变化与土壤碳库研究．长春：吉林大学博士学位论文．

毛子龙，杨小毛，赵振业，等．2012．深圳福田秋茄红树林生态系统碳循环的初步研究．生态环境学报，21（7）：1189-1199．

梅雪英，张修峰．2007．崇明东滩湿地自然植被演替过程中储碳及固碳功能变化．应用生态学报，（4）：933-936．

梅雪英，张修峰．2008．长江口典型湿地植被储碳、固碳功能研究——以崇明东滩芦苇带为例．中国生态农业学报，（2）：269-272．

苗正红．2013．1980—2010年三江平原土壤有机碳储量动态变化．长春：中国科学院研究生院（东北地理与农业生态研究所）博士学位论文．

牟晓杰，孙志高，刘兴土．2012．黄河口不同生境下翅碱蓬湿地土壤碳、氮储量与垂直分布特征．土壤通报，43（6）：1444-1449．

宁世江，蒋运生，邓泽龙，等．1996．广西龙门岛群桐花树天然林生物量的初步研究．植物生态学报，（1）：57-64．

潘宝宝．2013．洪泽湖湿地水生植物群落碳储量研究．南京：南京林业大学硕士学位论文．

彭聪姣，钱家炜，郭旭东，等．2016．深圳福田红树林植被碳储量和净初级生产力．应用生态学报，27（7）：2059-2065．

邵学新，杨文英，吴明，等．2011．杭州湾滨海湿地土壤有机碳含量及其分布格局．应用生态学报，22（3）：658-664．

宋红丽．2015．围填海活动对黄河三角洲滨海湿地生态系统类型变化和碳汇功能的影响．长春：中国科学院研究生院（东北地理与农业生态研究所）博士学位论文．

孙余丹，刘爽，刘金祥，等．2018．不同红树林群落结构与植被碳分布．东北农业大学学报，49（11）：58-64．

索安宁，赵冬至，张丰收．2010．我国北方河口湿地植被储碳、固碳功能研究——以辽河三角洲盘锦地区为例．海洋学研究，28（3）：67-71．

谈思泳．2017．华南红树林湿地表层土壤有机碳分布特征及其影响因子．桂林：广西师范学院硕士学位论文．

谈思泳，邱广龙，范航清，等．2017．广西红树林群落表层沉积物有机碳的初步研究．绿色科技，（4）：4-8．

王刚，张秋平，管东生．2016．红树林植物生物量沿纬度分布特征．湿地科学，14（2）：259-270．

王莉雯，卫亚星．2012．盘锦湿地净初级生产力时空分布特征．生态学报，32（19）：6006-6015．

王启栋．2016．基于放射性核素的山东半岛北部滨海湿地沉积环境演变与有机碳储库的讯息解析．中国科学院研究生院（海洋研究所）博士学位论文．

王韧，李晓景，蔡金标，等．2010．闽东沿海秋茄天然林与人工林生物量比较．西南林学院学报，30（1）：16-20．

王绍强，许珺，周成虎．2001．土地覆被变化对陆地碳循环的影响——以黄河三角洲河口地区为例．遥感学报，（2）：142-148，162．

王伟，邹新，廖兵，等．2015．基于RS和GIS鄱阳湖湿地生态系统NPP时空分布特征研究．江西科学，33（4）：526-529，557．

王永丽．2012．基于景观的黄河三角洲滨海湿地生态系统价值评估．烟台：中国科学院研究生院（烟台海岸带研究所）博士学位论文．

王宗明，国志兴，宋开山，等．2009．2000～2005年三江平原土地利用/覆被变化对植被净初级生产力的影响研究．自然资源学报，24（1）：136-146．

温远光．1999．广西英罗港5种红树植物群落的生物量和生产力．广西科学，（2）：63-68．

吴琴，尧波，幸瑞新，等．2012．鄱阳湖典型湿地土壤有机碳分布及影响因子．生态学杂志，31（2）：313-318．

吴世军，李裕红，王文静，等．2017．泉州湾洛阳桐花树林地上部分碳储量估算．泉州师范学院学报，35（2）：8-12．

奚小环，张建新，廖启林，等．2008．多目标区域地球化学调查与土壤碳储量问题——以江苏、湖南、四川、吉林、内蒙古为例．第四纪研究，（1）：58-67．

谢琳萍，王敏，王保栋，等．2017．莱州湾滨海柽柳林湿地植被碳储量的分布特征及其影响因素．应用生态学报，

28（4）：1103-1111.

辛琨，黄星，张淑萍. 2008. 海南东寨港红树林湿地生态功能评价. 湿地科学与管理，4（4）：28-31.

徐欢欢，曾从盛，王维奇，等. 2010. 艾比湖湿地土壤有机碳垂直分布特征及其影响因子分析. 福建师范大学学报（自然科学版），26（5）：86-91.

许方宏，张进平，张倩媚，等. 2012. 广东湛江高桥三个天然红树林的土壤碳库. 价值工程，31（15）：5-6.

许振，左平，王俊杰，等. 2014. 6个时期盐城滨海湿地植物碳储量变化. 湿地科学，12（6）：709-713.

许振，左平，王俊杰，等. 2014. 土地利用变化对盐城滨海湿地土壤有机碳库的影响. 海洋通报，33（4）：444-450.

严格. 2014. 崇明东滩湿地盐沼植被生物量及碳储量分布研究. 上海：华东师范大学硕士学位论文.

颜葵. 2015. 海南东寨港红树林湿地碳储量及固碳价值评估. 海口：海南师范大学硕士学位论文.

杨国强. 2017. 昌邑国家海洋生态特别保护区柽柳地上生物量与地上碳储量遥感估算研究. 呼和浩特：内蒙古师范大学硕士学位论文.

叶思敏. 2017. 泉州湾河口湿地秋茄的植被碳密度及分布特征. 泉州师范学院学报，35（6）：21-24.

尹毅，范航清，苏相洁. 1993. 广西白骨壤群落的生物量研究. 广西科学院学报，（2）：19-24.

于兵. 2010. 大庆地区土地利用/覆被变化对植被和土壤碳氮储量的影响. 哈尔滨：东北林业大学博士学位论文.

于君宝，王永丽，董洪芳，等. 2013. 基于景观格局的现代黄河三角洲滨海湿地土壤有机碳储量估算. 湿地科学，11（1）：1-6.

于泉洲. 2011. 南四湖湿地植被碳储量的初步研究. 济南：山东师范大学硕士学位论文.

于泉洲，张祖陆，袁怡. 2010. 山东省南四湖湿地植被碳储量初步研究. 云南地理环境研究，22（5）：88-93.

袁甲，沈非，王甜甜，等. 2016. 2000—2010年皖江城市带土地利用/覆被变化对区域净初级生产力的影响. 水土保持研究，23（5）：245-250.

詹绍芬，黄勃，陈玉军，等. 2015. 不同红树林群落土壤环境有机碳比较. 热带生物学报，6（4）：397-402.

张桂芹，王兆军. 2011. 基于3S的济南湿地资源调查及碳汇功能研究. 环境科学与技术，34（12）：212-216.

张莉. 2013. 海南清澜港红树林土壤有机碳及其与土壤因子关系研究. 洛阳：河南科技大学硕士学位论文.

张素荣，张燕，杨俊泉，等. 2015. 海河流域平原区土壤碳密度分布特征和碳储量估算. 地质调查与研究，38（4）：305-310.

张绪良，张朝晖，徐宗军，等. 2012. 黄河三角洲滨海湿地植被的碳储量和固碳能力. 安全与环境学报，12（6）：145-149.

张韵. 2013. 三沙湾湿地主要植被的固碳能力及修复进展研究. 青岛：中国海洋大学硕士学位论文.

赵荣钦，黄贤金，钟太洋，等. 2012. 南京市不同土地利用方式的碳储量与碳通量. 水土保持学报，26（6）：164-170.

郑文教，林鹏，薛雄志，等. 1995. 广西红海榄红树林C、H、N的动态研究. 应用生态学报，（1）：17-22.

朱远辉，柳林，刘凯，等. 2014. 红树林植物生物量研究进展. 湿地科学，12（4）：515-526.

訾园园，郗敏，孔范龙，等. 2016. 胶州湾滨海湿地土壤有机碳时空分布及储量. 应用生态学报，27（7）：2075-2083.

Chen W, Ge Z M, Fei B L, et al. 2017. Soil carbon and nitrogen storage in recently restored and mature native *Scirpus* marshes in the Yangtze Estuary, China: implications for restoration. Ecological Engineering, 104: 150-157.

Chmura G L, Anisfeld S C, Cahoon D R, et al. 2003. Global carbon sequestration in tidal, saline wetland soils. Global Biogeochemical Cycles, 17(4): 1111.

Gao Y, Yu G, Yang T, et al. 2016. New insight into global blue carbon estimation under human activity in land-sea interaction area: a case study of China. Earth-Science Reviews, 159: 36-46.

Gao Y, Zhou J, Wang L, et al. 2019. Distribution patterns and controlling factors for the soil organic carbon in four mangrove forests of China. Global Ecology and Conservation: e00575.

Krull K, Craft C. 2009. Ecosystem development of a sandbar emergent tidal marsh, Altamaha River Estuary, Georgia, USA. Wetlands, 29(1): 314-322.

Liu H, Ren H, Hui D, et al. 2014. Carbon stocks and potential carbon storage in the mangrove forests of China. J Environ Manage, 133: 86-93.

Liu J E, Han R M, Su R M, et al. 2017. Effects of exotic *Spartina alterniflora* on vertical soil organic carbon distribution and storage amount in coastal salt marshes in Jiangsu, China. Ecological Engineering, 106: 132-139.

Ren H, Chen H, Li Z A, et al. 2009. Biomass accumulation and carbon storage of four different aged *Sonneratia apetala* plantations in Southern China. Plant and Soil, 327(1-2): 279-291.

Tam N F Y, Wong Y S, Lan C Y, et al. 1995. Community structure and standing crop biomass of a mangrove forest in Futian Nature Reserve, Shenzhen China. Hydrobiologia, 295: 193-201.

Wang G, Guan D, Zhang Q, et al. 2014. Spatial patterns of biomass and soil attributes in an estuarine mangrove forest (Yingluo Bay, South China). European Journal of Forest Research, 133(6): 993-1005.

Yang W, Jin Y, Sun T, et al. 2017a. Trade-offs among ecosystem services in coastal wetlands under the effects of reclamation activities. Ecological Indicators, 92: 354-366.

Yang W, Zhao H, Leng X, et al. 2017b. Soil organic carbon and nitrogen dynamics following *Spartina alterniflora* invasion in a coastal wetland of eastern China. Catena, 156: 281-289.

4. 旅游休闲、栖息地、地方感

丁冬静, 廖宝文, 管伟, 等. 2016. 东寨港红树林自然保护区滨海湿地生态系统服务价值评估. 生态科学, 35(6): 182-190.

高元竞. 2009. 闽江河口湿地生态服务功能价值评价. 福州: 福建农林大学硕士学位论文.

郝林华, 陈尚, 王二涛, 等. 2018. 基于条件价值法评估三亚海域生态系统多样性及物种多样性的维持服务价值. 生态学报, 38(18): 6432-6441.

何利平, 冯海云, 王鸿飞. 2011. 滨海新区湿地生态系统服务功能价值评估. 环境科学与管理, 36(5): 42-47.

康晓明, 崔丽娟, 李伟, 等. 2015. 基于CVM的吉林省湿地生物多样性维持服务价值评价. 中国农学通报, 31(6): 161-166.

李伟, 孙宝娣, 崔丽娟, 等. 2017. 基于双分界二分式的莫莫格湿地生物多样性维持价值评价. 生态科学, 36(1):

48-54.

刘飞. 2009. 淮北市南湖湿地生态系统服务及价值评估. 自然资源学报, 24 (10): 1818-1828.

麻占梧, 那守海. 2014. 基于CVM的扎龙湿地游憩价值评估研究. 安徽农业科学, 42 (30): 10613-10616.

麦匡耀. 2014. 海南东寨港保护区湿地生态系统服务价值评价. 长沙: 中南林业科技大学硕士学位论文.

么相姝, 金如委, 侯光辉. 2017. 基于双边界二分式CVM的天津七里海湿地农户生态补偿意愿研究. 生态与农村环境学报, 33 (5): 396-402.

庞丙亮, 崔丽娟, 马牧源, 等. 2014. 基于CVM的扎龙湿地生物多样性维持服务价值评价. 湿地科学与管理, 10 (4): 20-25.

尚海洋. 2011. 基于CVM方法的张掖市北郊湿地存在价值评估. 干旱区资源与环境, 25 (5): 140-147.

宋红丽, 郭成久, 刘丽, 等. 2013. 辽宁双台河口湿地生态系统经济价值评估. 生态经济 (学术版), (2): 384-386.

孙宝娣, 崔丽娟, 李伟, 等. 2017. 鸭绿江口湿地生物多样性维持价值评价. 湿地科学, 15 (3): 404-410.

唐鹏展. 2014. 巢湖湿地修复的生态系统服务功能价值研究. 合肥: 合肥工业大学硕士学位论文.

王国新. 2010. 杭州城市湿地变迁及其服务功能评价. 长沙: 中南林业科技大学博士学位论文.

王黎潇. 2012. 基于GIS的青海湖湿地生态旅游价值评估. 西宁: 青海师范大学硕士学位论文.

王永丽. 2012. 基于景观的黄河三角洲滨海湿地生态系统价值评估. 烟台: 中国科学院研究生院 (烟台海岸带研究所) 博士学位论文.

伍淑婕, 梁士楚. 2008. 广西红树林湿地资源非使用价值评估. 海洋开发与管理, (2): 23-28.

肖笃宁, 胡远满, 李秀珍. 2001. 环渤海三角洲湿地的景观生态学研究. 北京: 科学出版社.

肖艳芳, 赵文吉, 朱琳, 等. 2011. 北京市湿地生态系统非使用价值. 生态学杂志, 30 (4): 824-830.

辛琨, 黄星, 张淑萍. 2008. 海南东寨港红树林湿地生态功能评价. 湿地科学与管理, 4 (4): 28-31.

辛琨, 谭凤仪, 黄玉山, 等. 2006. 香港米埔湿地生态功能价值估算. 生态学报, (6): 2020-2026.

许健民. 2001. 黄河三角洲 (东营市) 湿地评价与可持续利用研究. 北京: 中国农业科学院博士学位论文.

焉维维. 2016. 城市公园绿地经济价值的定量测算研究. 杭州: 浙江工业大学硕士学位论文.

闫伟, 刘红杏, 冯震, 等. 2011. 基于TCM和CVM的胶州湾湿地游憩价值评估. 现代商业, (29): 68-69.

张彪, 史芸婷, 李庆旭, 等. 2017. 北京湿地生态系统重要服务功能及其价值评估. 自然资源学报, 32 (8): 1311-1324.

张丽云, 江波, 甄泉, 等. 2016. 洞庭湖生态系统非使用价值评估. 湿地科学, 14 (6): 854-859.

5. 单价表

崔丽娟. 2004. 鄱阳湖湿地生态系统服务功能价值评估研究. 生态学杂志, (4): 47-51.

东营市物价局. 2015. 2015年10月份东营市市场价格形势分析. http://www.ceh.com.cn/wjxx/2015/11/876525.shtml.

何利平, 冯海云, 王鸿飞. 2011. 滨海新区湿地生态系统服务功能价值评估. 环境科学与管理, 36 (5): 42-47.

刘飞. 2009. 淮北市南湖湿地生态系统服务及价值评估. 自然资源学报, 24 (10): 1818-1828.

罗细芳, 古育平, 陈火春, 等. 2013. 我国沿海防护林体系生态效益价值评估. 华东森林经理, 27 (1): 25-27,

56.

深圳碳排放权交易所. 2015. 2015年碳交易行情（元/t CO$_2$）. http://cerx.cn/dailynewsCN/index_209.htm.

宋红丽, 郭成久, 刘丽, 等. 2013. 辽宁双台河口湿地生态系统经济价值评估. 生态经济（学术版），（2）：384-386.

王国新. 2010. 杭州城市湿地变迁及其服务功能评价. 长沙：中南林业科技大学博士学位论文.

王永丽. 2012. 基于景观的黄河三角洲滨海湿地生态系统价值评估. 烟台：中国科学院研究生院（烟台海岸带研究所）博士学位论文.

辛琨, 黄星, 张淑萍. 2008. 海南东寨港红树林湿地生态功能评价. 湿地科学与管理，4（4）：28-31.

颜葵. 2015. 海南东寨港红树林湿地碳储量及固碳价值评估. 海口：海南师范大学硕士学位论文.

易小青, 高常军, 魏龙, 等. 2018. 湛江红树林国家级自然保护区湿地生态系统服务价值评估. 生态科学，37（2）：61-67.

张彪, 史芸婷, 李庆旭, 等. 2017. 北京湿地生态系统重要服务功能及其价值评估. 自然资源学报，32（8）：1311-1324.

赵欣胜, 崔丽娟, 李伟, 等. 2016. 吉林省湿地生态系统水质净化功能分析及其价值评价. 水生态学杂志，37（1）：31-38.

6. 面积

黄霞. 2006. 景观生态学在自然保护区中的应用——以江苏大丰市麋鹿自然保护区规划设计为例. 内蒙古林业调查设计，（1）：31-34.

卢霞, 赵倩, 林雅丽, 等. 2018. 大丰麋鹿自然保护区土地利用/覆盖变化监测研究. 淮海工学院学报（自然科学版），27（3）：74-81.

姚敏, 何卿, 崔云霞, 等. 2014. 江苏大丰麋鹿国家级自然保护区生态修复措施研究. 环境科技，27（3）：70-73，78.

参 考 文 献

邸向红，侯西勇，吴莉. 2014. 中国海岸带土地利用遥感分类系统研究. 资源科学，36（3）：463-472.

樊辉，降初. 2016. 中国湿地资源系列图书. 北京：中国林业出版社.

侯西勇，邸向红，侯婉，等. 2018. 中国海岸带土地利用遥感制图及精度评价. 地球信息科学学报，20：1478-1488.

雷光春，张正旺，于秀波，等. 2017. 中国滨海湿地保护管理战略研究. 北京：高等教育出版社.

林鹏. 2003. 中国红树林湿地与生态工程的几个问题. 中国工程科学，5（6）：33-38.

刘一霖，宋长伟. 2014. 海南省沿岸海水池塘养殖业的健康发展. 海洋开发与管理，31（5）：90-93.

罗柳青，钟才荣，侯学良，等. 2017. 中国红树植物1个新纪录种——拉氏红树. 厦门大学学报（自然科学版），（3）：346-350.

马广仁，鲍达明，曹春香，等. 2016. 中国国际重要湿地生态系统评价. 北京：科学出版社.

马广仁，刘国强. 2019. 中国湿地保护地管理. 北京：科学出版社

王瑁，王文卿，林贵生，等. 2019. 三亚红树林. 北京：科学出版社.

王文卿，王瑁. 2007. 中国红树林. 北京：科学出版社.

于秀波，张立. 2018. 中国沿海湿地保护绿皮书（2017）. 北京：科学出版社.

Balmford A, Bruner A, Cooper P, et al. 2002. Economic reasons for conserving wild nature. Science, 297（5583）：950-953.

Chmura G L, Anisfeld S C, Cahoon D R, et al. 2003. Global carbon sequestration in tidal, saline wetland soils. Global Biogeochemical Cycles, 17：1111.

Costanza R, d'Arge R, de Groot R, et al. 1997. The value of the world's ecosystem services and natural capital. Nature, 387：253-260.

Daily G C. 1997. Natures Science：Societal Dependence on Natural Ecosystems. Washington, D. C.：Island Press.

Macintosh D J, Zisman S. 1997. The Status of Mangrove Ecosystems. *In*：Trends in the Utilisation and Management of

Mangrove Resources. International Union of Forest Research Organisations (IUFRO).

Millennium Ecosystem Assessment. 2005. Ecosystems and Human Well-being: Wetlands and Water Synthesis. Washington, D.C.: World Resources Institute.

Murray N J, Clemens R S, Phinn S R, et al. 2014. Tracking the rapid loss of tidal wetlands in the Yellow Sea. Frontiers in Ecology and the Environment, 12: 267-272.

Post W M, Pastor J, Zinke P J, et al. 1985. Global patterns of soil nitrogen storage. Nature, 317: 613-616.

WWF. 2014. The comprehensive report of the Yellow Sea ecoregion support project 2007-2014.